# 多酸/金属有机框架基复合材料的制备与性能研究

李少斌 张 丽 著

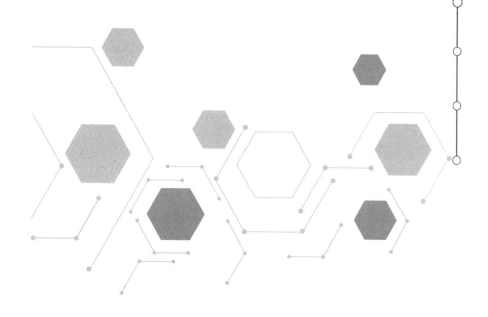

黑龙江大学出版社

HEILONGJIANG UNIVERSITY PRESS

哈尔滨

**图书在版编目（CIP）数据**

多酸／金属有机框架基复合材料的制备与性能研究 ／
李少斌，张丽著. -- 哈尔滨 ：黑龙江大学出版社，
2022.8
　ISBN 978-7-5686-0797-1

　Ⅰ．①多… Ⅱ．①李… ②张… Ⅲ．①多酸－复合材
料－研究②金属复合材料－研究 Ⅳ．①TG147

　中国版本图书馆 CIP 数据核字（2022）第 059037 号

多酸／金属有机框架基复合材料的制备与性能研究
DUOSUAN/JINSHU YOUJI KUANGJIA JI FUHE CAILIAO DE ZHIBEI YU XINGNENG YANJIU

李少斌　张　丽　著

责任编辑　李　卉　李　丽
出版发行　黑龙江大学出版社
地　　址　哈尔滨市南岗区学府三道街 36 号
印　　刷　三河市佳星印装有限公司
开　　本　720 毫米×1000 毫米　1/16
印　　张　17.25
字　　数　273 千
版　　次　2022 年 8 月第 1 版
印　　次　2022 年 8 月第 1 次印刷
书　　号　ISBN 978-7-5686-0797-1
定　　价　67.00 元

# 前　言

近年来,随着人们对多酸化学和金属有机框架材料研究的不断深入,以及材料分析测试技术的提高和晶体工程的不断发展,人们采用自主装和晶体工程的方法,将多酸与金属有机框架相结合,构建新型多酸基金属有机框架材料。从结构角度讲,这类材料既可以是多酸作为模板剂以共价键或是超分子作用的形式填充在金属有机框架中,也可以是多酸本身作为支撑片段建构多酸基金属有机框架材料。从性质角度讲,这类晶态材料既具备了多酸本身的优异性能,同时也体现出了金属有机框架材料的卓越性质。更有意义的是,多组分间的协同效应能够产生一些新的功能特性,使其成为新材料领域的研究热点。

本书第1~6章由张丽编写,第7~10章及其他部分由李少斌编写。本书主要内容包括:多酸基复合材料的制备与传感性能研究、金属有机框架基复合材料的制备与传感性能研究、多酸基金属有机框架复合材料的制备与性能研究等,旨在对多酸和金属有机框架材料的初学者及研究者提供一定的引导与借鉴作用。

本书的出版得到国家自然科学基金项目(21603113)、黑龙江省自然科学基金项目(LH2021B029)和黑龙江省普通本科高等学校青年创新人才培养计划(UNPYSCT-2017158)的支持。

限于作者写作水平,疏漏和不当之处在所难免,欢迎广大读者批评指正。

# 目　　录

# 第1章　绪论

## 1.1　引言

材料与能源、信息并列为现代科学技术的三大支柱,是人类社会发展的物质基础。近年来,复合功能材料由于受到光、电、磁、热、生化等作用后具有一定的功能特性,现已成为材料科学领域发展的重要前沿方向之一。

多金属氧酸盐(POM)简称多酸,是一类具有优异物理化学性质的无机功能氧簇材料,在许多领域具有潜在的应用前景,尤其是在催化领域。多酸催化是当今最成功的催化研究领域之一,其中部分多酸催化反应已进入工业化阶段。

多酸不需要非常严苛的实验条件便可以通过多步电子转移进行可逆的氧化还原过程,此外该过程不但可以快速逐步进行反应,多酸在该过程中还不会发生分解。正是这些性质使得多酸可以作为良好的电催化物质,在电催化反应中有着卓越的性能和表现,并且在催化领域掀起了一阵研究的热潮。由于多酸的组成和结构不同,其化学性质也会发生轻微的改变。如今,经过半个世纪的研究,多酸化学领域的专家们已成功制备出一大批新型多酸化合物,其中包括层状结构多酸、链状结构多酸,以及多孔高聚合度和纳米簇合物等新型的多酸。这些新型化合物的出现,不仅丰富了人们对多酸的认识,也打破了传统多酸化学的局限,拓宽了多酸化学研究的范围,为多酸的研究和应用提供了更多有意义和前景的方向。随着科学技术不断发展,人们对多酸的认识也不断深入,经过几代科学家的不断努力,多酸化学现已在多种领域发挥着重要的作用。目前多酸的合成已步入分子设计和组装的新阶段。在生物化学、溶质、液晶、半导体材料、光电变色和催化材料方面,多金属氧酸盐因为其独特的物理化学性质表现出了巨大的潜在应用前景,因而备受科学家们的瞩目,也有更多的人参与到研究中来。另外,X射线结晶学硬件和软件的发展,如各种光谱学、电化学方法的发展应用,使我们能对多酸化学进行更加深入的研究,使其在更多的领域得到更加广泛的应用。将多金属氧酸盐和无机 – 有机杂化材料进行掺杂复合从而形成更加新颖的结构,以便拥有更优异的电化学传感性能和光电催化性能,这也是最近几年发展的热点。

## 1.2　多金属氧酸盐简介

多酸是由前过渡金属离子通过氧连接而成的金属氧簇类化合物。多酸的尺寸多样,小到零点几纳米,大到十几纳米,具有丰富的结构特征和多变的元素种类。目前,多酸研究者能够在分子水平上对其结构和性能进行控制与调节。因此,多酸基晶态功能材料在物理、化学等领域有广泛的研究与应用。多酸主要是由金属离子和氧形成的四面体几何构型和八面体几何构型单元通过共角、共边或共面相连而成的阴离子结构。多酸按其组成不同可分为同多酸和杂多酸。

由于多酸研究者的不懈努力,越来越多新颖结构的多酸相继被报道。在种类繁多的结构之中,最具有代表性的六种经典结构为:Keggin 结构、Dawson 结构、Silverton 结构、Lindqvist 结构、Anderson 结构和 Waugh 结构(图 1 – 1)。

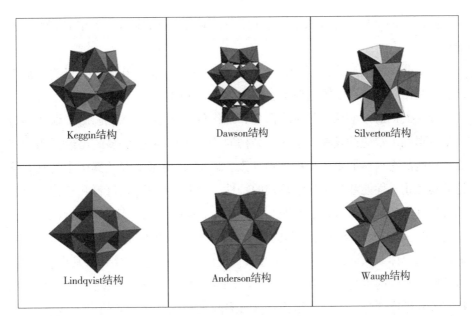

图 1-1 经典多酸的结构

Keggin 结构是被研究得最为广泛的多酸类型。1933 年,英国物理学家 Keggin 提出经典的 Keggin 结构。时隔近半个世纪,Bradley 和 Illingworth 用实验手段进一步验证了 Keggin 结构的存在。Keggin 型多酸的通式为 $[XM_{12}O_{40}]^{n-}$ (X = Ge、As、P 和 Si 等,M = W、Mo 等)。Keggin 型多酸是杂多酸的一种,它有 $\alpha$ 型、$\beta$ 型、$\gamma$ 型、$\delta$ 型和 $\varepsilon$ 型五种异构体,其中最常见的是 $\alpha$ 型结构。它是由十二个配原子形成的八面体围绕着杂原子形成的四面体构建而成的。

Dawson 结构是一种比较常见的杂多酸,它通式为 $[X_2M_{18}O_{62}]^{6-}$ (X = As、P、S 等,M = W、Mo 等)。它具有胶囊状的结构形貌。两端极位包含两组三核金属氧簇,赤道位包含两组六核金属氧簇。Dawson 结构具有 $\alpha$ 型、$\beta$ 型和 $\gamma$ 型三种异构体。

Silverton 结构多酸的通式为 $[XM_{12}O_{42}]^{n-}$,其结构可以看作是由六对 {MO$_6$} 八面体环绕着中心的 {XO$_{12}$} 二十面体构建而成的。

Lindqvist 结构是一种常见的同多酸,其通式可表示为 $[M_6O_{19}]^{n-}$ (M = W、Nb、Mo 等),它是由六个 {MO$_6$} 八面体构成的。

Anderson 结构多酸的通式可表示为 $[XM_6O_{18}]^{n-}$ (X = I、Ta 和 Al 等,M = W、

Mo 等)。它的结构中包含六个共边相连的$\{MO_6\}$八面体和一个中心$\{XO_6\}$八面体。

Waugh 多酸的通式为$[XM_9O_{32}]^{n-}$，此类多酸的报道很少见。它的结构可以看作是由$\{XO_6\}$八面体包裹中心的杂原子形成的。

随着人们对多酸认识的逐步深化和现代科学技术的不断提高，多酸化学这门学科得到了快速的发展。鉴于其结构的特殊性和多变性，多酸已经成为构造新型功能晶态材料的重要无机建筑基元。近年来，由于多酸及其衍生物具有优越的物理化学性能和分子易于调控的特性，其在催化、医药、材料和光化学等领域有着良好的应用前景，从而得到了广大科学家的关注。其主要优点如下：首先，多酸是一类组成与结构明确的化合物，并且构成多酸的基本结构单元主要是含氧四面体或八面体，更容易通过调变去设计合成新颖的结构；其次，多酸阴离子拥有不同的电荷密度、尺寸大小以及形状，有利于调变和设计，以便合成出具有各种维度的分子配合物结构；最后，多酸是一种尺寸多变的电子接受体，可参与多电子还原反应，同时其具有酸性和氧化性，可作为多功能催化剂等。

## 1.3　金属有机框架简介

金属有机框架(MOF)是一类由金属离子或金属团簇和有机配体桥连形成的多孔晶态材料。与传统的多孔材料相比，金属有机框架材料具有可调节的孔道结构、大的比表面积、高的孔隙率、有序的多孔结构和暴露的活性位点等。通过改变金属离子或有机官能团，可以合成出许多具有独特物理性质和化学性质的金属有机框架材料。

20 世纪 90 年代初，Hoskins 和 Robson 以铜离子为节点，含氮有机配体为连接剂，首次合成了具有三维网络结构的聚合物$\{CuI[C(C_6H_4CN_4)]\}_n$，并将拓扑概念引入配位聚合物中，为金属有机框架的发展奠定了基础。1994 年，Fujita 课题组合成了一种具有二维正方形网络的 Cd – MOF 材料，这种材料能够将一些具有高度形状特异性的芳香族化合物包裹起来，并成功应用于醛的硅氰化反应的多相催化中，这也拉开了 MOF 在催化领域的序幕。1995 年，Yaghi 课题组首次提出金属有机框架这一概念，并利用刚性配体均苯三甲酸与过渡金属离子$Co^{2+}$构造具有稳定多孔结构的材料，这种材料在 350 ℃仍然比较稳定。这是

MOF 发展历史上的一个里程碑。在此之后,Yaghi 课题组相继报道了一系列 MOF 材料,直至 1999 年,Yaghi 课题组设计并合成出经典的 MOF - 5,在该领域取得了突破性的研究进展。MOF - 5 是由锌四氧簇与对苯二甲酸配体,以八面体桥连方式自组装形成的具有三维正方形孔道的微孔晶体材料(图 1 - 2),其孔径大小为 12.94 Å,比表面积高达 2900 $m^2 \cdot g^{-1}$。它最显著的特点是具有高度稳定性,在 300 ℃空气中加热 24 h 后,经 XRD 表征,该晶体的结构和结晶度都未发生改变。即使去除客体 N,N - 二甲基甲酰胺分子后,材料的骨架结构也没有塌陷。MOF - 5 的出现克服了开放的框架无法支持永久孔隙的缺点,也解决了在除去客体分子后塌陷的问题。MOF 材料的独特优势引起了科学家们的广泛关注,为 MOF 开启了新的篇章。

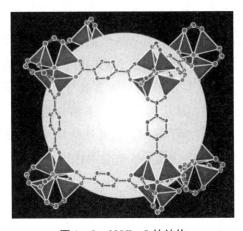

图 1 - 2　MOF - 5 的结构

# 1.4　多酸基金属有机框架材料概述

近年来,随着人们对多酸化学和金属有机框架材料研究的不断深入、物理化学测试能力的提高以及晶体工程的不断发展,科学家们通过自主装和晶体工程的方法,将多酸与金属有机框架相结合,构建多酸基金属有机框架(POMOF)材料。从结构角度讲,这类材料既可以是多酸作为模板剂以共价键或是超分子作用的形式填充在金属有机框架中,也可以是多酸本身作为支撑片段去建构多酸基金属有机框架骨架。从性质角度讲,这类晶态材料既具备了多酸本身的优异性能,同时也体现出了金属有机框架材料的卓越性质。更有意义的是,组分间的协同效应能够产生一些新的功能特性,从而在众多领域中都有应用,使得多酸基金属有机框架功能材料成为当今国际化学与材料学界的一个热门课题。

简单的无机阴离子可以作为客体小分子诱导金属有机框架主体的自主装。多酸作为一种经典的多阴离子配合物,由于具有多样的结构和优异的性质,成为一种构建多酸基金属有机框架材料优良的模板剂。多酸作为模板剂构建多酸基金属有机框架材料有以下几方面优势:第一,多酸具有多样的尺寸和形状,因此可以选择合适尺寸和形状的多酸去填充金属有机框架的孔道;第二,多酸具有比较大的体积,能占据金属有机框架的孔道,很大程度上阻止了互穿;第三,多酸囊包在金属有机框架中可以增加整个化合物框架的稳定性;第四,多酸和金属有机框架都具有很多优良的性质,将二者成功结合在一起,有利于得到性质更加丰富的材料,甚至得到具有特殊性能的功能材料。多酸是一类具有纳米尺寸的无机簇合物,金属有机框架具有均匀可调的孔道结构,基于此,通过运用晶体工程手段,采用自组装方法,可以将多酸与金属有机框架相结合,构建多酸金属有机框架晶态材料。从结构角度讲,多酸作为多齿无机建筑基元,潜在地增加了连接数,进一步增加了维度。从性质角度讲,多酸基金属有机框架具备了多酸的性能,同时也拥有金属有机框架的性质,是一种多功能的晶态材料,因此成为人们关注的热点。

# 第 2 章　Dawson 型多酸基复合材料的制备及抗坏血酸传感性能研究

## 2.1　引言

抗坏血酸(AA)也称维生素 C,是一种常用的抗氧化剂,广泛地存在于食品和饮料中。抗坏血酸能促进细胞生长和铁离子的吸收,参与人体的新陈代谢,在中枢神经和肾脏系统中起着重要的作用。然而过量的抗坏血酸会导致化学转变,使尿液中的草酸盐含量增高,长时间积累会形成肾脏结石。因此,快速准确地检测抗坏血酸的含量在食品工业和人体健康方面具有重要意义。由于抗坏血酸具有很强的电活性,因而制备电化学无酶传感器可实现对其准确、快速的测定,并且无酶传感器克服了酶本身易失活和固定方法有限的缺陷,具有制备简单、容易操作、重现性好、稳定性高等优点。本章采用层层自组装技术将 Dawson 型多金属氧酸盐($P_2Mo_{17}V$)、三联吡啶钌$[Ru(bpy)_3]$和壳聚糖 – 钯($Cs-Pd$)修饰到电极上,构建了用于检测抗坏血酸的电化学无酶传感器。

## 2.2　制备

首先,将处理过的 ITO 电极浸没在 10 mmol·$L^{-1}$的 PEI 溶液中 2 h,取出用蒸馏水冲洗,$N_2$流吹干。由于 PEI 的化学稳定性高且带有大量的正电荷,因此可以获得一个稳定且均匀的阳离子前驱体层,为随后负载 $P_2Mo_{17}V$ 提供一个非常稳定的正电荷基底。具体操作步骤如下：将带有正电荷的基底依次浸入 $P_2Mo_{17}V$、$Ru(bpy)_3$、PSS 和 Cs – Pd 的溶液中各 20 min，取出后用蒸馏水冲洗，去除表面游离的离子，并用 $N_2$ 流吹干，使基底表面带有均匀稳定的正负交替的电荷。重复上述步骤，可制得 $\{PEI/[P_2Mo_{17}V/Ru(bpy)_3/PSS/Cs – Pd]_n/P_2Mo_{17}V\}$ 修饰的电化学传感器。图 2 – 1 为该传感器构建流程图。采用同样的方法在相同的实验条件下可制备 $\{[PEI/P_2Mo_{17}V]_6\}$、$\{PEI/[PSS/Ru(bpy)_3]_6\}$、$\{PEI/[PSS/Cs – Pd]_6\}$、$\{PEI/[P_2Mo_{17}V/Ru(bpy)_3]_6/P_2Mo_{17}V\}$、$\{PEI/[P_2Mo_{17}V/Cs – Pd]_6/P_2Mo_{17}V\}$、$\{PEI/[PSS/Ru(bpy)_3/PSS/Cs – Pd]_6\}$ 作为对照。

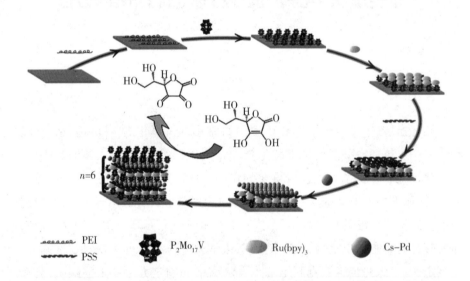

图 2 – 1　$\{PEI/[P_2Mo_{17}V/Ru(bpy)_3/PSS/Cs – Pd]_n/P_2Mo_{17}V\}$ 电化学传感器构建流程图

## 2.3　表征

### 2.3.1　紫外 – 可见吸收光谱

紫外 – 可见吸收光谱是一种简单有效的监控多层膜生长过程的技术手段。图 2 – 2 是 $P_2Mo_{17}V$ 溶液、$Ru(bpy)_3$ 溶液、Cs – Pd 溶液以及复合膜 $\{PEI/$

$\left[P_2Mo_{17}V/Ru(bpy)_3/PSS/Cs-Pd\right]_n\}/P_2Mo_{17}V(n=1\sim6)$ 溶液的紫外 – 可见吸收光谱图。从图 2 – 2(a)可以观察到,$P_2Mo_{17}V$ 溶液在 206 nm 和 310 nm 处显示两个特征吸收峰,其中 310 nm 处的特征吸收峰是 Dawson 型钒取代杂多酸的特征峰。$Ru(bpy)_3$ 溶液在 248 nm 和 285 nm 处的吸收峰为吡啶环上的 $\pi-\pi^*$ 跃迁,455 nm 处的吸收峰为金属原子 Ru 与配体间的跃迁(MLCT),$Cs-Pd$ 溶液在 $200\sim800$ nm 范围内没有吸收峰,与文献一致。从图 2 – 2(b)中可以看出,复合膜在 217 nm、286 nm 和 455 nm 处有三个吸收峰,其中 217 nm 处的吸收峰归属于 $P_2Mo_{17}V$、$Ru(bpy)_3$ 和 $Cs-Pd$ 的叠加,286 nm 和 455 nm 处的吸收峰归属于 $Ru(bpy)_3$。从图 2 – 2(b)插图可以看出每层膜的吸光度随着层数的增加线性增长,该复合膜的生长过程是均匀稳定的。

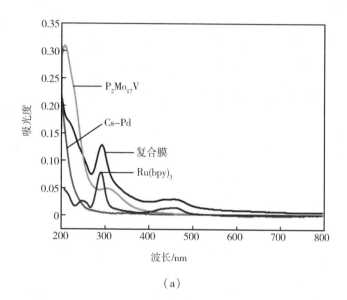

(a)

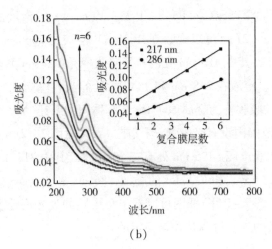

（b）

图 2 – 2　（a）几种溶液和复合膜的紫外 – 可见吸收光谱；

（b）复合膜 $\{PEI/[P_2Mo_{17}V/Ru(bpy)_3/PSS/Cs – Pd]_n/P_2Mo_{17}V\}$（$n = 1\sim6$）的

紫外 – 可见吸收光谱，插图为 217 nm 和 286 nm 处吸光度值与复合膜层数的关系

## 2.3.2　X 射线光电子能谱

X 射线光电子能谱（XPS）能够定性分析鉴定物质的元素组成及化学状态。图 2 –3（a）中位于 232.6 eV 和 235.7 eV 的两个峰分别归属于 Mo $3d_{5/2}$ 和 Mo $3d_{3/2}$。图 2 –3（b）中位于 516.4 eV 和 522.2 eV 的两个峰分别归属于 V $2p_{3/2}$ 和 V $2p_{1/2}$，且 Mo 和 V 归属于 $P_2Mo_{17}V$。图 2 –3（c）中位于 284.5 eV 和 286.1 eV 的两个峰分别归属于 Ru(bpy)$_3$ 中的 Ru $3d_{5/2}$ 和 Ru $3d_{3/2}$。图 2 –3（d）中位于 335.5 eV 和 340.8 eV 的 Pd 3d 和图 2 –3（e）中位于 204.6 eV 的 C 1s 归属于 Cs – Pd。图2 –3（f）中位于 399.1 eV 处的峰归属于 PEI 中的 N 元素。XPS 谱图分析结果表明，PEI、$P_2Mo_{17}V$、Ru(bpy)$_3$ 和 Cs – Pd 均被成功修饰到了基片上。

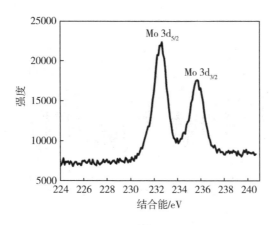

（a）

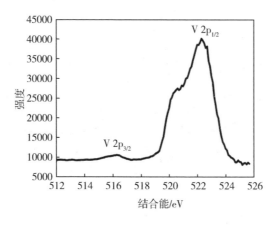

（b）

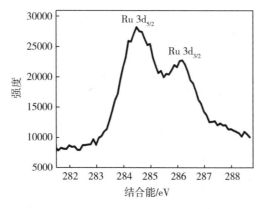

（c）

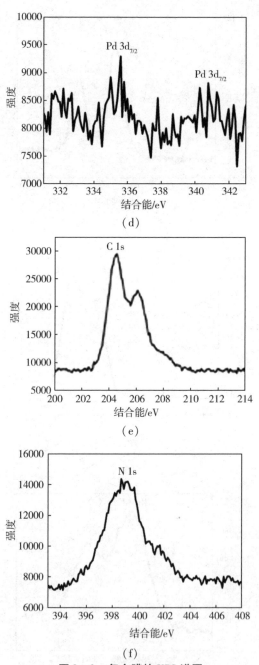

图 2 - 3　复合膜的 XPS 谱图
(a)Mo 3d;(b)V 2p;(c)Ru 3d;(d)Pd 3d;(e)C 1s;(f)N 1s

### 2.3.3　形貌表征

本章分别采用 TEM、SEM、AFM 测试了纳米粒子的大小、膜表面纳米尺寸的形貌以及膜表面的粗糙度。图 2－4 是 Pd 纳米粒子的 TEM 图，从图中能够看出 Pd 纳米粒子的粒径大小约为 8 nm，且分布较为均匀。图 2－5(a)~(c)分别是 $P_2Mo_{17}V$、$Ru(bpy)_3$、$Cs$－$Pd$ 修饰的薄膜表面的 SEM 图，从图中能够看到颗粒状的多酸粒子、球状的 $Ru(bpy)_3$ 和雪花状的 $Cs$－$Pd$，与已报道的文献一致。图 2－5(d)是复合膜 $\{PEI/[P_2Mo_{17}V/Ru(bpy)_3/PSS/Cs$－$Pd]_6/P_2Mo_{17}V\}$ 的断面 SEM 图，通过断面可以估算 6 层复合膜的厚度约为 720 nm。

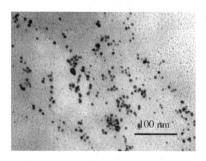

图 2－4　Pd 纳米粒子的 TEM 图

(a)　　　　　　　　　　　　　　(b)

（c）　　　　　　　　　　（d）

图 2 - 5　（a）{PEI/$P_2Mo_{17}V$}、(b){PEI/[$P_2Mo_{17}V$/Ru(bpy)$_3$]}、

（c）{PEI/[$P_2Mo_{17}V$/Ru(bpy)$_3$/PSS/Cs - Pd]$_6$/$P_2Mo_{17}V$} 的 SEM 图；

（d）复合膜{PEI/[$P_2Mo_{17}V$/Ru(bpy)$_3$/PSS/Cs - Pd]$_6$/$P_2Mo_{17}V$}的断面 SEM 图

图 2 - 6 分别是薄膜{PEI/$P_2Mo_{17}V$}、{PEI/[$P_2Mo_{17}V$/Ru(bpy)$_3$]}、{PEI/[$P_2Mo_{17}V$/Ru(bpy)$_3$/PSS/Cs - Pd]$_6$/$P_2Mo_{17}V$}修饰在硅片上的 AFM 图。从三维的 AFM 图中能够看到一些凸起的峰状颗粒,通过测试得知,在 1 μm ×1 μm 面积内表面粗糙度分别是 0.82 nm、1.92 nm 和 3.44 nm,复合膜{PEI/[$P_2Mo_{17}V$/Ru(bpy)$_3$/PSS/Cs - Pd]$_6$/$P_2Mo_{17}V$}的表面粗糙度最大,是由于 $P_2Mo_{17}V$、Ru(bpy)$_3$、Cs - Pd 都修饰到了电极表面。

（a）　　　　　　　（b）　　　　　　　（c）

图 2 -6　（a){PEI/$P_2Mo_{17}V$}、(b){PEI/[$P_2Mo_{17}V$/Ru(bpy)$_3$]}、

（c）{PEI/[$P_2Mo_{17}V$/Ru(bpy)$_3$/PSS/Cs - Pd]$_6$/$P_2Mo_{17}V$}修饰在硅片上的 AFM 图

## 2.4　电化学性质研究

### 2.4.1　循环伏安测试

图 2 - 7 为复合膜｛PEI/［P₂Mo₁₇V/Ru（bpy）₃/PSS/Cs - Pd］₆/P₂Mo₁₇V｝在 -0.3~0.8 V 电势范围内的循环伏安图。从图中能够观察到三对氧化还原峰,平均电位（$E_{1/2}$）分别为 0.350 V、0.016 V 和 -0.040 V。其中峰 I - I′归属于以钒为中心的电子氧化还原过程（$V^V \rightarrow V^{IV}$）,其余两对峰（II - II′,III - III′）归属于以钼为中心的氧化还原过程（$Mo^{VI} \rightarrow Mo^V$）。从图 2 - 7 中还可以看出,峰电流值随着扫描速率的不断增加而变大,并且氧化峰向正电位方向小幅移动,还原峰向负电位方向小幅移动,这是一个可逆的但非理想的氧化还原过程。插图为峰 III - III′的氧化峰电流和还原峰电流与扫速的线性关系图,由计算结果可知,电流与扫速成正比,该过程为表面控制过程。

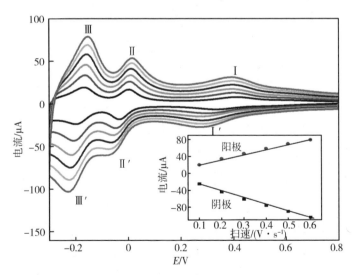

图 2 - 7　复合膜｛PEI/［P₂Mo₁₇V/Ru（bpy）₃/PSS/Cs - Pd］₆/P₂Mo₁₇V｝在不同扫速下的循环伏安图（从内到外:0.1 V·s⁻¹、0.2 V·s⁻¹、0.3 V·s⁻¹、0.4 V·s⁻¹、0.5 V·s⁻¹ 和 0.6 V·s⁻¹）,插图为第三对氧化还原峰电流与扫速的线性关系

## 2.4.2　电化学阻抗测试

电化学阻抗(EIS)是研究复合膜界面性质和动力学机制的一种有效手段。通常情况下复合阻抗是由虚部($Z_{im}$)和实部($Z_{re}$)的总和来表示的。在 EIS 谱图中,半圆弧代表高频区电荷转移的限制过程,半圆弧直径的大小表明了电子转移电阻($R_{ct}$)的不同,它能够反映导电性和电子转移过程。低频区的直线代表扩散限制过程。图 2-8 为不同修饰电极的能奎斯特(Nyquist)阻抗谱图。从图中可以看出半圆弧的直径由小到大的顺序为:$\{PEI/[P_2Mo_{17}V/Ru(bpy)_3/PSS/Cs-Pd]_6/P_2Mo_{17}V\}$ < $\{PEI/[P_2Mo_{17}V/Ru(bpy)_3]_6\}$ < $\{[PEI/P_2Mo_{17}V]_6\}$,表明由 $P_2Mo_{17}V$、$Ru(bpy)_3$、$Cs-Pd$ 共同修饰的电极具有更小的电子转移电阻。

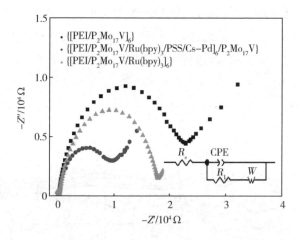

图 2-8　$\{[PEI/P_2Mo_{17}V]_6\}$、$\{PEI/[P_2Mo_{17}V/Ru(bpy)_3]_6\}$、
$\{PEI/[P_2Mo_{17}V/Ru(bpy)_3/PSS/Cs-Pd]_6/P_2Mo_{17}V\}$ 的阻抗谱图

图 2-8 的插图是该电化学体系的一个简单等效电路图,其中 $R_s$ 为溶液电阻,$R_1$ 为电荷转移电阻,$W$ 为 Warburg 阻抗,CPE 为常相位元件,考虑到复合膜表面的粗糙度及不均匀性,因此用 CPE 来代替等效电路中的纯电容。根据阻抗谱图拟合结果可知:$R_1$ 为 10155 Ω,CPE 为 $1.1424 \times 10^{-5}$ F。根据公式(2-1)计算,复合膜 $\{PEI/[P_2Mo_{17}V/Ru(bpy)_3/PSS/Cs-Pd]_6/P_2Mo_{17}V\}$ 电荷传输速率常数($k$)为 $2.87 \times 10^{-7}$ cm·s$^{-1}$。

$$k = RT/(R_1Cn^2F^2A) \qquad\qquad (2-1)$$

其中，$R_1$ 为电荷转移的电阻，$n$ 为电子转移的数量，$C$ 为常相位元件 CPE 的，$A$ 为电极的几何面积。

## 2.4.3　电催化活性测试

众所周知，复合膜的层数对催化活性具有很大的影响。因此，本章制备了一系列不同层数的复合膜 $\{PEI/[P_2Mo_{17}V/Ru(bpy)_3/PSS/Cs-Pd]_n/P_2Mo_{17}V\}$（$n$ = 2、4、6、8 和 10），在扫速为 50 mV·s$^{-1}$，pH 值为 7.0 的 PBS 缓冲溶液中，测试其对 AA 的催化性能。如图 2-9 所示，当 $n$ = 6 时，复合膜 $\{PEI/[P_2Mo_{17}V/Ru(bpy)_3/PSS/Cs-Pd]_n/P_2Mo_{17}V\}$ 对 AA 具有较高的催化效率。因此，选择 6 层的复合膜 $\{PEI/[P_2Mo_{17}V/Ru(bpy)_3/PSS/Cs-Pd]_6/P_2Mo_{17}V\}$ 作为工作电极。

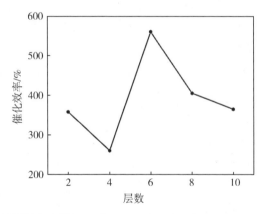

**图 2-9　不同层数复合膜 $\{PEI/[P_2Mo_{17}V/Ru(bpy)_3/PSS/Cs-Pd]_n/P_2Mo_{17}V\}$**

**（$n$ = 2、4、6、8 和 10）在缓冲溶液中的催化效率**

图 2-10 为复合膜 $\{PEI/[P_2Mo_{17}V/Ru(bpy)_3/PSS/Cs-Pd]_6/P_2Mo_{17}V\}$ 修饰的电极在缓冲溶液中，扫速为 50 mV·s$^{-1}$ 条件下催化 AA 的循环伏安图。从图 2-10(a) 中可以看出，复合膜在 +0.45 V 处氧化峰电流随着 AA 的加入逐渐增大，从图 2-10(b) 中能够看出 AA 的浓度与氧化峰电流呈现良好的线性关系，说明该复合膜修饰的电极对 AA 具有很好的催化氧化作用。根据公式(2-

2)计算该复合膜对 AA 的催化效率。

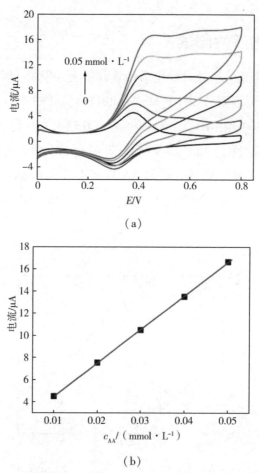

（a）

（b）

图 2 - 10　（a）复合膜{PEI/[P₂Mo₁₇V/Ru(bpy)₃/PSS/Cs - Pd]₆/P₂Mo₁₇V}

**在缓冲溶液中催化 AA 的循环伏安图；（b）催化电流与 AA 浓度的线性关系**

催化效率 = 100% × [$I_p$(POM,基底) − $I_p$(POM)]/$I_p$(POM)　（2 -2）

其中，$I_p$(POM,基底)和 $I_p$(POM)代表在 +0.45 V 处存在和不存在 AA 时复合膜的氧化峰电流。计算结果表明，当 0.05 mmol · L⁻¹ AA 被催化时，复合膜{PEI/[P₂Mo₁₇V/Ru(bpy)₃/PSS/Cs - Pd]₆/P₂Mo₁₇V} 对 AA 的催化效率为 560.7%。

本书还做了单组分和两组分薄膜修饰电极对 AA 催化的对比实验，如图2 -

11 所示。根据公式(2 - 2)计算其催化效率并列于表 2 - 1 中。

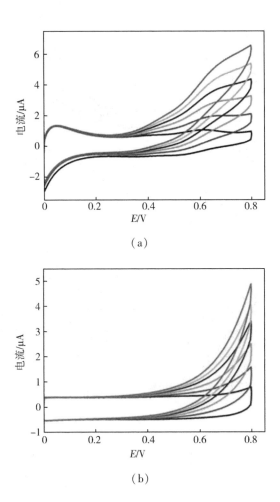

(a)

(b)

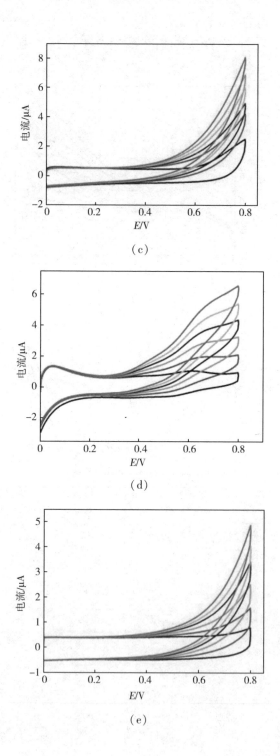

（c）

（d）

（e）

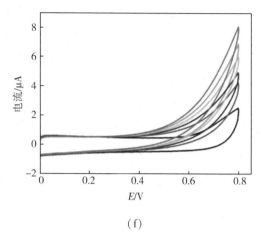

(f)

图 2－11　不同薄膜（a）｛[PEI/P$_2$Mo$_{17}$V]$_6$｝、（b）｛PEI/[PSS/Ru(bpy)$_3$]$_6$｝、

（c）｛PEI/[PSS/Cs－Pd]$_6$｝、（d）｛PEI/[P$_2$Mo$_{17}$V/Ru(bpy)$_3$]$_6$/P$_2$Mo$_{17}$V｝、

（e）｛PEI/[P$_2$Mo$_{17}$V/Cs－Pd]$_6$/P$_2$Mo$_{17}$V｝、（f）｛PEI/[PSS/Ru(bpy)$_3$/

PSS/Cs－Pd]$_6$｝在缓冲溶液中加入不同浓度（从下到上依次为 0.01 mmol · L$^{-1}$、

0.02 mmol · L$^{-1}$、0.03 mmol · L$^{-1}$、0.04 mmol · L$^{-1}$、0.05 mmol · L$^{-1}$）的 AA 的循环伏安图

表 2－1　不同薄膜在缓冲溶液对 0.05 mmol · L$^{-1}$ AA 的催化结果

| 样品 | 薄膜 | 电位/V | 催化效率/% |
|---|---|---|---|
| （a） | ｛[PEI/P$_2$Mo$_{17}$V]$_6$｝ | +0.65 | 380.7 |
| （b） | ｛PEI[PSS/Ru(bpy)$_3$]$_6$｝ | +0.65 | 254.4 |
| （c） | ｛PEI[PSS/Cs－Pd]$_6$｝ | +0.65 | 246.3 |
| （d） | ｛PEI[P$_2$Mo$_{17}$V/Ru(bpy)$_3$]$_6$/P$_2$Mo$_{17}$V｝ | +0.49 | 207.7 |
| （e） | ｛PEI[P$_2$Mo$_{17}$V/Cs－Pd]$_6$/P$_2$Mo$_{17}$V｝ | +0.43 | 219.3 |
| （f） | ｛PEI[PSS/Ru(bpy)$_3$/PSS/Cs－Pd]$_6$｝ | +0.65 | 735.8 |
| （g） | ｛PEI[P$_2$Mo$_{17}$V/Ru(bpy)$_3$/PSS/<br>Cs－Pd]$_6$/P$_2$Mo$_{17}$V｝ | +0.45 | 560.7 |

从图 2－11 和表 2－1 中均可看出，尽管｛PEI/[P$_2$Mo$_{17}$V/Cs－Pd]$_6$/P$_2$Mo$_{17}$V｝
修饰电极对 AA 的催化电位最低，但其催化效率却远远小于复合膜｛PEI/
[P$_2$Mo$_{17}$V/Ru(bpy)$_3$/PSS/Cs－Pd]$_6$/P$_2$Mo$_{17}$V｝修饰电极。尽管｛PEI/[PSS/Ru

(bpy)$_3$/PSS/Cs – Pd]$_6$}修饰电极对 AA 的催化效率高,但其催化电位却高于复合膜{PEI/[P$_2$Mo$_{17}$V/Ru(bpy)$_3$/PSS/Cs – Pd]$_6$/P$_2$Mo$_{17}$V}修饰电极。众所周知,催化电位越接近于 0,其可逆性越好且越节能。因此,基于催化效率和催化电位的综合考虑,由 P$_2$Mo$_{17}$V、Ru(bpy)$_3$ 和 Cs – Pd 共同修饰的电极对 AA 的催化氧化效果最佳。其原因可能是:首先,P$_2$Mo$_{17}$V 本身具有优异的氧化还原活性,为催化氧化 AA 提供了活性位点;其次,Cs – Pd 拥有大的比表面积,负载了更多的 P$_2$Mo$_{17}$V 和 Ru(bpy)$_3$;最后,Ru(bpy)$_3$ 的 π 共轭体系和 Cs – Pd 良好的电子传输性能促进了电子传递,与 P$_2$Mo$_{17}$V 协同作用提高了复合膜的催化性能且降低了催化电位。

## 2.5　传感性能研究

### 2.5.1　传感器的选择性和线性范围

复合膜的选择性也是检验传感器传感性能的一个重要指标。因此,本章探测了不同应用电势下几种可能存在的干扰物质(如柠檬酸、葡萄糖、蔗糖、果糖、氯化钠)分别加入溶液中时,复合膜的电流响应。如图 2 – 12 所示,复合膜{PEI[P$_2$Mo$_{17}$V/Ru(bpy)$_3$/PSS/Cs – Pd]$_6$/P$_2$Mo$_{17}$V}修饰的电极在 0.35 ~ 0.75 V 范围内对 AA 的电流响应明显,而其他几种常见的干扰物几乎无电流响应,说明该复合膜制备的电化学传感器具有优良的选择性和抗干扰能力。但出于兼顾低能耗和高灵敏度的考虑,选择 +0.45 V 作为最佳的应用电势来检测 AA。

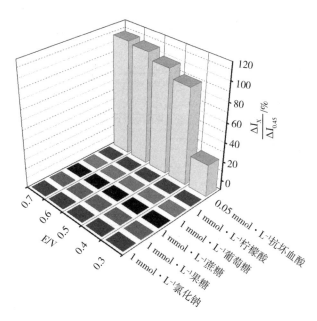

图 2 - 12　在不同的应用电势下，复合膜 $\{PEI/[P_2Mo_{17}V/Ru(bpy)_3/PSS/Cs-Pd]_6/$
$P_2Mo_{17}V\}$ 在缓冲溶液中对不同浓度干扰物质的选择性

　　进一步探究传感器的检测范围，采用安培计时法，选择 + 0.45 V 作为测试电位，在缓冲溶液中每隔 50 s 滴加一次 AA，电流信号在每次加入 AA 后明显增强，并在 2 s 内达到稳定，连续测试 1300 s 后得到一个稳定阶跃的安培响应图，如图 2 - 13(a)所示。图 2 - 13(a)中的插图表示的是 200~450 s 处电流响应的放大图，图 2 - 13(b)表示的是电流和 AA 浓度的线性关系，经拟合得到其回归方程为：$I_{AA} = 0.0756 + 0.1531\,c_{AA}$，$R^2 = 0.9978$。复合膜 $\{PEI/[P_2Mo_{17}V/$ $Ru(bpy)_3/PSS/Cs-Pd]_6/P_2Mo_{17}V\}$ 修饰的电极对 AA 响应的线性范围为 $1.25 \times 10^{-7}$~$1.18 \times 10^{-4}$ mol·$L^{-1}$，当信噪比为 3 时，检测限为 $2.21 \times 10^{-9}$ mol·$L^{-1}$。该传感器展现了较宽的线性范围和较低的检测限。

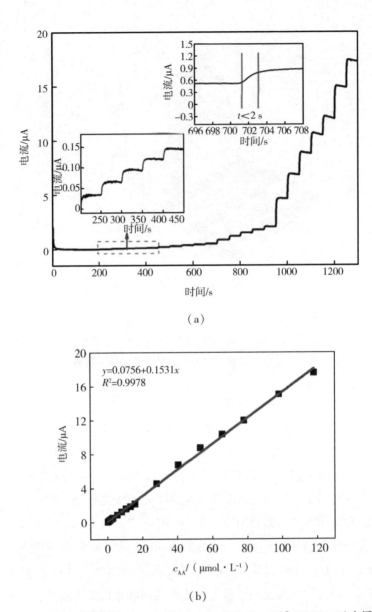

（a）

（b）

图2－13　（a）复合膜{PEI/[P₂Mo₁₇V/Ru(bpy)₃/PSS/Cs－Pd]₆/P₂Mo₁₇V}在缓冲溶液中
连续加入不同浓度 AA 的典型安培计时图；（b）复合膜{PEI/[P₂Mo₁₇V/
Ru(bpy)₃/PSS/Cs－Pd]₆/P₂Mo₁₇V}的稳态电流与 AA 浓度的线性方程

## 2.5.2　传感器的稳定性和真实样品检测

对于一个优异的电化学传感器,良好的化学稳定性是必要条件。因此对复合膜 $\{\mathrm{PEI}[\mathrm{P}_2\mathrm{Mo}_{17}\mathrm{V/Ru(bpy)}_3/\mathrm{PSS/Cs-Pd}]_6/\mathrm{P}_2\mathrm{Mo}_{17}\mathrm{V}\}$ 在 $-0.3 \sim +0.8\ \mathrm{V}$ 的范围内,以 $50\ \mathrm{mV \cdot s^{-1}}$ 的扫速进行 100 个循环的循环伏安测试。如图 2-14 所示,在 100 个循环后,峰电流没有发生明显变化,且峰电位也没有发生改变,说明在连续的循环伏安扫描之后,复合膜未从玻碳电极上脱落,具有很好的稳定性。

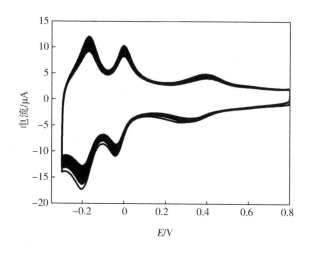

**图 2-14　复合膜 $\{\mathrm{PEI/[P}_2\mathrm{Mo}_{17}\mathrm{V/Ru(bpy)}_3/\mathrm{PSS/Cs-Pd}]_6/\mathrm{P}_2\mathrm{Mo}_{17}\mathrm{V}\}$**

**在缓冲溶液中扫描 100 个循环的循环伏安图**

为了探究该抗坏血酸传感器在真实样品中的应用能力,通过电流-时间法分别检测果汁和 Vc 片中抗坏血酸的含量。具体操作如下:将 4 mL 果汁溶解在 36 mL 0.2 mol·L$^{-1}$ pH 值为 7.0 的 PBS 缓冲溶液中,通过标准滴加法进行测试,计算结果列于表 2-2 中。另取一粒 Vc 片用 0.2 mol·L$^{-1}$ pH 值为 7.0 的 PBS 缓冲溶液配成一定浓度的溶液,取出其中的 40 mL,测试方法与果汁相同,结果列于表 2-3 中。五次实验的结果表明,复合膜 $\{\mathrm{PEI/[P}_2\mathrm{Mo}_{17}\mathrm{V/Ru(bpy)}_3/\mathrm{PSS/Cs-Pd}]_6/\mathrm{P}_2\mathrm{Mo}_{17}\mathrm{V}\}$ 修饰的电极在果汁中对 AA 的检测平均回收率为 99.43%,在 Vc 片中对 AA 的检测平均回收率为 99.95%,证明该传感器对真实样品中 AA 的检测有良好的应用前景。

表 2-2　在果汁中检测 AA 的回收实验

| 样品 | $c_{AA}/(\mu mol \cdot L^{-1})$（添加量） | $c_{AA}/(\mu mol \cdot L^{-1})$（检出量） | 回收率/% |
|---|---|---|---|
| 1 | 50 | 47.81 | 95.62 |
| 2 | 100 | 100.55 | 100.55 |
| 3 | 150 | 152.38 | 101.59 |
| 4 | 200 | 200.55 | 100.28 |
| 5 | 250 | 247.81 | 99.12 |
| 平均 | — | — | 99.43 |

表 2-3　在 Vc 片中检测 AA 的回收实验

| 样品 | $c_{AA}/(\mu mol \cdot L^{-1})$（添加量） | $c_{AA}/(\mu mol \cdot L^{-1})$（检出量） | 回收率/% |
|---|---|---|---|
| 1 | 50 | 49.96 | 99.92 |
| 2 | 100 | 100.29 | 100.29 |
| 3 | 150 | 150.61 | 100.41 |
| 4 | 200 | 197.25 | 98.63 |
| 5 | 250 | 251.27 | 100.51 |
| 平均 | | | 99.95 |

## 2.6　本章小结

本章采用自组装技术将 Dawson 型磷钼钒杂多酸、三联吡啶钌和壳聚糖-钯修饰到 ITO 电极上,构建了用于检测抗坏血酸的无酶电化学传感器。采用 TEM、AFM、SEM 和 UV-vis 对复合膜的形貌和膜增长过程进行了表征,同时运用循环伏安法、电化学阻抗法和安培计时法等对复合膜{PEI/[P$_2$Mo$_{17}$V/Ru(bpy)$_3$/PSS/Cs-Pd]$_n$/P$_2$Mo$_{17}$V}进行了电化学性质和传感性能的探究。结果表明,三种活性组分的复合大大提高了该传感器的传感性能,测得的线性范围为 $1.25 \times 10^{-7} \sim 1.18 \times 10^{-4}$ mol·$L^{-1}$,检测限为 $2.21 \times 10^{-9}$ mol·$L^{-1}$。同时,常见的共存物(如柠檬酸、葡萄糖、蔗糖、果糖、氯化钠)对抗坏血酸的检测不存在干扰。利用该传感器测定了果汁和 Vc 片中抗坏血酸的含量,回收率均在允许误差范围之内。

# 第3章　Keggin 型多酸基复合材料的制备及亚硝酸根传感性能研究

## 3.1　引言

亚硝酸盐被用作食品防腐剂和增色剂。但是,它具有潜在的毒性。因此,当过量的亚硝酸盐残留在蔬菜、饮用水和农产品中时,对人们的身体健康是一种很严重的威胁。摄入的亚硝酸盐致命的剂量为 3 g。所以,亚硝酸根的测定对环境的监测和人类的健康具有十分重要的意义。因此,本章选用具有高稳定性的 Keggin 型磷钼钒杂多酸和石墨烯,以玻碳电极作为基底,采用层层自组装方法构建了复合膜 $\{PEI/[PMo_{11}V/PDDA-rGO]_n/PMo_{11}V\}$ 修饰的电化学传感器用以检测 $NO_2^-$。

## 3.2　制备

将处理过的玻碳电极浸没在 10 mmol · $L^{-1}$ 的 PEI 溶液中 2 h,取出后用蒸馏水冲洗,$N_2$ 流吹干。然后将载有正电荷的玻碳电极交替地浸入带有负电荷的 $PMo_{11}V$ 溶液(8 mg · $mL^{-1}$)和带有正电荷的 PDDA - rGO 溶液(1 mg · $mL^{-1}$)中各 20 min,每次取出后用蒸馏水冲洗,并用 $N_2$ 流吹干。重复上述操作构建 $\{PEI/[PMo_{11}V/PDDA-rGO]_n/PMo_{11}V\}$ 复合膜修饰的电化学传感器。图 3 - 1 为该传感器构建流程图。采用同样的方法在相同的实验条件下可制备 $\{PEI/[PMo_{11}V/$

PEI]$_n$/PMo$_{11}$V} 和 {PEI/[PSS/PDDA – rGO]$_n$} 作为对照。

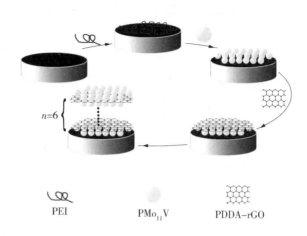

PEI　　　　　　PMo$_{11}$V　　　　PDDA–rGO

图 3 – 1　{PEI/[PMo$_{11}$V/PDDA – rGO]$_n$/PMo$_{11}$V} 电化学传感器构建流程图

## 3.3　表征

### 3.3.1　紫外 – 可见吸收光谱

采用 UV – vis 吸收光谱监测层层自组装复合薄膜的生长过程。图 3 – 2 为复合膜 {PEI/[PMo$_{11}$V/PDDA – rGO]$_n$/PMo$_{11}$V} （$n$ = 1~6）修饰在石英基片上以及 PMo$_{11}$V 溶液、PDDA 溶液和 PDDA – rGO 溶液的 UV – vis 光谱。从图 3 – 2 （a）中可以看出，PMo$_{11}$V 在 208 nm 和 310 nm 处有两个特征吸收峰，$\lambda_{max}$ = 208 nm 处的特征峰归属于配体 – 金属的电荷转移跃迁（LMCT），从端氧原子向 Mo$^{VI}$ 原子（Ot→Mo）跃迁，$\lambda_{max}$ = 310 nm 处的特征吸收峰归属于桥氧原子 Ob 和 Oc 向 Mo$^{VI}$ 原子的 LMCT。PDDA – rGO 在 266 nm 处有一个特征吸收峰，而 PD-DA 溶液本身在 200~800 nm 的范围内没有峰，说明 $\lambda_{max}$ = 266 nm 处的峰归属于石墨烯。复合薄膜在 222 nm 和 310 nm 处有两个特征吸收峰，其中 222 nm 处为多酸和石墨烯的重叠峰，310 nm 处为多酸的 Ob（c）→Mo 峰，这也证明了 PMo$_{11}$V 和 PDDA – rGO 被成功修饰在基片上。如图 3 – 2（b）所示，在 190 ~ 800 nm 的波长范围内，吸光度随着沉积层数的增加而均匀增加，从而证实了 PDDA – rGO 和 PMo$_{11}$V 被不可逆地修饰在基片上了。将 222 nm 和 310 nm 处特征峰的吸光度与层数进行拟合,发现复合膜特征峰处的吸光度与层数具有良好的线性关系,说明该复合膜每一层都均匀且稳定地沉积在了基片上。

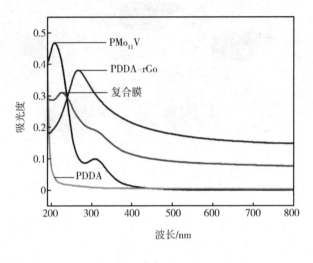

(a)

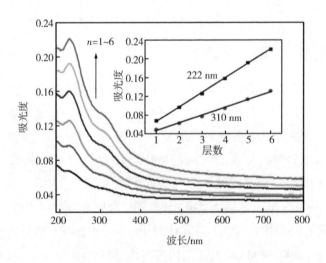

(b)

图 3-2　(a)几种溶液和复合膜的 UV-vis 光谱;(b)修饰在石英片上复合膜
$\{PEI/[PMo_{11}V/PDDA-rGO]_n/PMo_{11}V\}$ $(n=1\sim6)$ 的 UV-vis 光谱,
插图为 222 nm 和 310 nm 处吸光度值与复合膜层数的关系

## 3.3.2　X 射线光电子能谱

图 3 – 3 为是复合膜{PEI/[PMo₁₁V/PDDA – rGO]₆/PMo₁₁V}的 XPS 谱图。图 3 – 3(a)中位于 232.2 eV 和 235.2 eV 的两个信号峰归属于 Mo 3d$_{5/2}$ 和 Mo 3d$_{3/2}$。图 3 – 3(b)中位于 516.4 eV 和 530.5 eV 的两个信号峰归属于 V 2p$_{3/2}$ 和 V 2p$_{1/2}$,且 Mo 和 V 归属于 PMo₁₁V。图 3 – 3(c)中 C 1s 归属于 rGO,其中位于 284.3 eV 的 C—C 的信号峰非常明显,而位于 286.6 eV 的 C—O 的信号峰和位于 288.4 eV 的 C =O 的信号峰极其弱,表明氧化石墨烯在还原的过程中含氧官能团被除去,基片上负载的是还原氧化石墨烯。图 3 – 3(d)中位于 399.5 eV 处的信号峰归属于 PEI 中的 N 元素。XPS 谱图分析结果表明,PEI、PMo₁₁V、PDDA – rGO 均被成功修饰到基片上了。

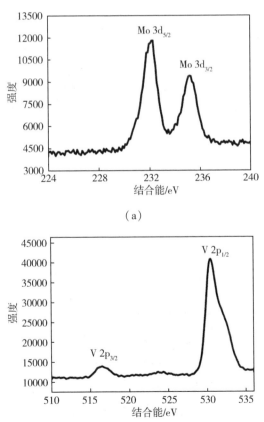

（a）

（b）

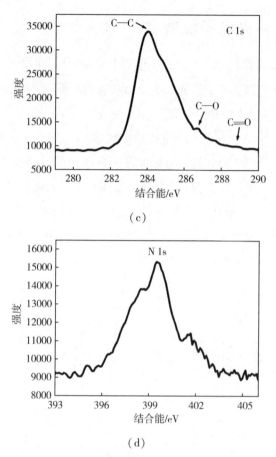

图 3 - 3　复合膜｛PEI/［PMo$_{11}$V/PDDA - rGO］$_6$/PMo$_{11}$V｝的 XPS 谱图
(a)Mo 3d;(b)V 2p;(c)C 1s;(d)N 1s

## 3.3.3　形貌表征

图 3 - 4 是 PDDA - rGO 的 TEM 图,从图中能够观察到石墨烯呈现为透明的褶皱的纱状薄片。图 3 - 5 是复合膜｛PEI/［PMo$_{11}$V/PDDA - rGO］$_6$/PMo$_{11}$V｝的 SEM 图,在图 3 - 5(a)中也能看到褶皱的石墨烯薄片,进一步说明石墨烯被成功组装到薄膜中,被修饰到了基片上,构成该传感器的一个重要组成成分。正是石墨烯这种特殊的形貌增大了比表面积,也提供了更多的活性位点。图 3 -5(b)是复合膜｛PEI/［PMo$_{11}$V/PDDA - rGO］$_6$/PMo$_{11}$V｝横截面的 SEM 图,从

图中能估算出 6 层复合膜的厚度为 380 nm。

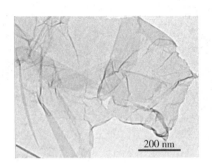

**图 3 - 4　PDDA - rGO 的 TEM 图**

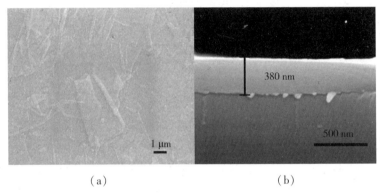

（a）　　　　　　　　　　　　　　（b）

**图 3 - 5　复合膜｛PEI/[PMo₁₁V/PDDA - rGO]₆/PMo₁₁V｝修饰的玻碳电极**

**（a）表面和（b）横截面的 SEM 图**

图 3 - 6（a）是复合膜｛PEI/[PMo$_{11}$V/PDDA - rGO]$_6$/PMo$_{11}$V｝的 AFM 图，从图中能够观察到褶皱片状的石墨烯和颗粒状结构的多酸。图 3 - 6（b）是复合膜｛PEI/[PMo$_{11}$V/PDDA - rGO]$_6$/PMo$_{11}$V｝三维的 AFM 图，从图中能够看到一些均匀凸起的峰，在 1 μm × 1 μm 面积内表面粗糙度为 7.5 nm。

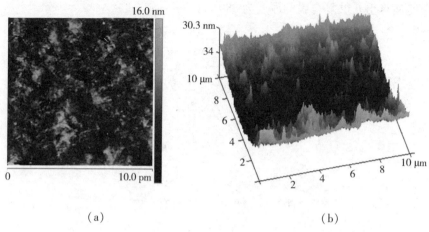

（a）                                （b）

图 3 – 6    复合膜 $\{PEI/[PMo_{11}V/PDDA-rGO]_6/PMo_{11}V\}$ 的 AFM

## 3.4    电化学性质研究

### 3.4.1    循环伏安测试

图 3 – 7 为复合膜 $\{PEI/[PMo_{11}V/PDDA-rGO]_6/PMo_{11}V\}$ 在 $-0.4 \sim$ $+1.0$ V 的电势范围内，$0.2\ mol \cdot L^{-1}$ PBS（pH $= 7.0$）的缓冲溶液中的循环伏安图。

从图中能够观察到四对氧化还原峰，平均电位分别为 $0.450$ V、$0.228$ V、$-0.048$ V 和 $-0.186$ V。其中峰 I – I′归属于以钒为中心的电子氧化还原过程（$V^{V} \rightarrow V^{IV}$），其余三对峰（II – II′、III – III′、IV – IV′）归属于以钼为中心的三个电子氧化还原过程（$Mo^{VI} \rightarrow Mo^{V}$）。插图为峰 III – III′的氧化峰电流和还原峰电流与扫速的线性关系图，从计算结果可知，电流与扫速成正比，该过程为表面控制过程。

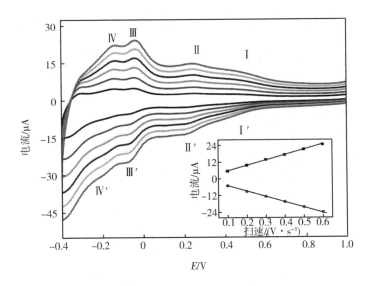

图 3 - 7　复合膜｛PEI/〔PMo₁₁V/PDDA - rGO〕₆/PMo₁₁V｝在不同扫速下的循环伏安图

（由内而外:0.1 V・s⁻¹、0.2 V・s⁻¹、0.3 V・s⁻¹、0.4 V・s⁻¹、0.5 V・s⁻¹和 0.6 V・s⁻¹），

插图为复合膜氧化还原峰Ⅲ - Ⅲ′与扫速的线性关系

## 3.4.2　电化学阻抗测试

图 3 -8 为不同修饰电极的 Nyquist 阻抗谱图,从图中可以看半圆弧的直径由小到大的顺序为:｛PEI/〔PMo₁₁V/PDDA - rGO〕₆/PMo₁₁V｝ < ｛PEI/〔PSS/PDDA - rGO〕₆｝ < ｛〔PEI/PMo₁₁V〕₆｝,表明经复合后的组分比单独的石墨烯和多酸具有更小的电子转移电阻,可以促进电极和被测离子间的电子传递,从而产生快速灵敏的电化学反应。主要原因是石墨烯与多酸组成的复合物提供了更大的活性表面。图 3 -8 的插图是该电化学体系的等效电路图,其中 $R_s$ 为溶液电阻,$R_1$ 为电荷转移电阻,CPE 为常相位元件。考虑到复合膜表面的粗糙度及不均匀性,因此用 CPE 来代替等效电路中的纯电容。

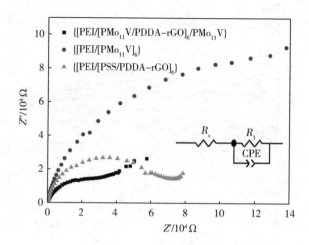

图3-8 不同组分薄膜的电化学阻抗图,插图为复合膜 $\{PEI/[PMo_{11}V/PDDA-rGO]_6/PMo_{11}V\}$ 电极的等效电路

### 3.4.3 电催化活性测试

众所周知,复合膜的层数对催化活性具有很大的影响。因此,本章制备了一系列不同层数的复合膜 $\{PEI/[PMo_{11}V/PDDA-rGO]_n/PMo_{11}V\}$($n=2$、4、6、8和10),在扫速为 $100\ mV \cdot s^{-1}$,pH 值为 7.0 的 PBS 缓冲溶液中,测试其对亚硝酸根的催化性能。如图3-9所示,当 $n=6$ 时,复合膜 $\{PEI/[PMo_{11}V/PDDA-rGO]_6/PMo_{11}V\}$ 对于亚硝酸根离子的氧化具有更高的催化效率。因此,本章选择6层的复合薄膜 $\{PEI/[PMo_{11}V/PDDA-rGO]_6/PMo_{11}V\}$ 作为工作电极。

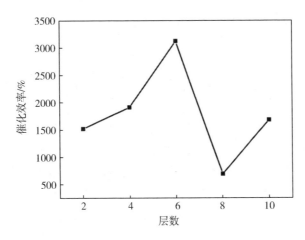

**图 3 - 9　不同层数复合膜｛PEI/[PMo₁₁V/PDDA - rGO]ₙ/PMo₁₁V｝**

**(n = 2、4、6、8 和 10)在缓冲溶液中的催化效率**

图 3 - 10(a)为复合膜｛PEI/[PMo₁₁V/PDDA - rGO]₆/PMo₁₁V｝修饰的电极在 0.2 mol·L⁻¹ PBS(pH = 7.0)缓冲溶液中,扫速为 100 mV·s⁻¹,催化 NO₂⁻的循环伏安图。从图中可以看出,复合膜在 + 0.84 V 处氧化峰电流随着 NO₂⁻的加入逐渐增大,并且从插图中能够看出 NO₂⁻的浓度和氧化峰电流呈现良好的线性关系,说明该复合膜修饰的电极对 NO₂⁻具有很好的催化氧化作用。图 3 - 10(b)为不同电极在缓冲溶液中加入 0.5 mmol·L⁻¹ NO₂⁻的循环伏安图。从图中可以看出,裸的玻碳电极对 NO₂⁻的加入几乎无电流响应,相比较其他几种修饰电极,复合膜的催化电流最大且催化电位较低。可能是 PMo₁₁V 与 PDDA - rGO 的协同作用导致复合膜的催化优于其他任何单独组分。一方面,由于石墨烯具有大的比表面积,其二维结构可以有效减小界面阻力,增大修饰电极的电化学活性,而且其 π 共轭键可以使峰电流增加。另一方面,PMo₁₁V 作为 Keggin 型多酸,具有稳定的氧化还原状态、高的质子电导率和多电子转移的可能性,大量的 PMo₁₁V 附着在大比表面积的石墨烯上,吸附量增大,为电催化提供了更多的活性位点。

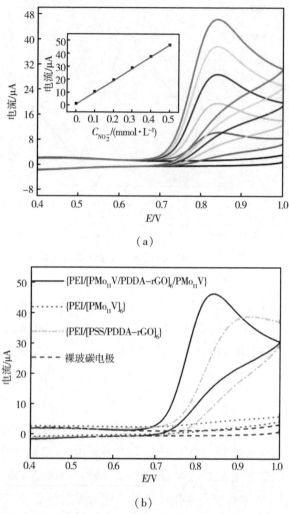

(a)

(b)

图3-10 （a）复合膜｛PEI/［PMo₁₁V/PDDA-rGO］₆/PMo₁₁V｝

在缓冲溶液中催化不同浓度的 NO₂⁻ 的循环伏安图，插图为催化电流与 NO₂⁻ 浓度的

线性关系；（b）不同电极分别催化 0.5 mmol·L⁻¹ NO₂⁻ 的循环伏安对比图

　　$HNO_2$ 的酸解离常数是 $5.1 \times 10^{-4}$（$pK_a = 3.3$）。当 pH ≤ 3 时，催化反应中 $NO_2^-$ 的反应形式为 $HNO_2$，当 pH > 3 时为 $NO_2^-$。因此，在中性的条件下（PBS 缓冲溶液，pH = 7.0），亚硝酸根按照下式被氧化为硝酸根：

$$NO_2^- + H_2O \longrightarrow NO_3^- + 2H^+ + 2e^- \qquad (3-1)$$

所以,在将 $PMo_{11}V$ 和 $PDDA-rGO$ 复合后,$PMo_{11}V^VO_{40}^{4-}$ 对于 $NO_2^-$ 的氧化具有很好的电催化活性。以钒为催化活性位点,$NO_2^-$ 被 $PMo_{11}V^VO_{40}^{4-}$ 氧化成了 $NO_3^-$,并且自身被还原为 $PMo_{11}V^{IV}O_{40}^{4-}$。然而由于 $PMo_{11}V^VO_{40}^{4-}$ 发生的氧化还原反应具有可逆性,电子的还原物质 $PMo_{11}V^{IV}O_{40}^{4-}$ 在电极表面再次发生氧化反应重新产生 $PMo_{11}V^VO_{40}^{4-}$。催化氧化 $NO_2^-$ 的反应机理如下:

$$NO_2^- + H_2O + 2PMo_{11}V^VO_{40}^{4-} \longrightarrow NO_3^- + 2HPMo_{11}V^{IV}O_{40}^{4-} \quad (3-2)$$

$$HPMo_{11}V^{IV}O_{40}^{4-} \longrightarrow PMo_{11}V^VO_{40}^{4-} + e^- + H^+ \quad (3-3)$$

由于还原形式的多酸具有电子和质子的转移存储能力,在该过程中可以有效地作为电子的给体和受体,再加上与石墨烯复合后提高了电子传输速率,因而加速了 $NO_2^-$ 被氧化成 $NO_3^-$ 的动力学过程。相比于单独的多酸和石墨烯,复合膜对于亚硝酸根的催化能力有了显著的提高。

## 3.5　传感性能研究

### 3.5.1　传感器的选择性和线性范围

由图 3-11 可知,在 +0.84 V 处亚硝酸根催化氧化电流变化最大,说明灵敏度和电位有很大关系。因此,本章探测了不同应用电势下几种可能存在的干扰物质(如亚硝酸钠、氯化钾、硫酸镁、氯化钙、氯化钠、碘酸钾、柠檬酸、葡萄糖、蔗糖、果糖)分别加入溶液中对电流的响应。如图 3-11 所示,复合膜 $\{PEI/[PMo_{11}V/PDDA-rGO]_6/PMo_{11}V\}$ 在 +0.84 V 对 $NO_2^-$ 的电流响应明显,而其他几种常见的干扰物几乎无电流响应。说明该复合膜制备的电化学传感器具有很好的选择性和抗干扰能力,对于真实样品中 $NO_2^-$ 的检测有良好的应用前景。

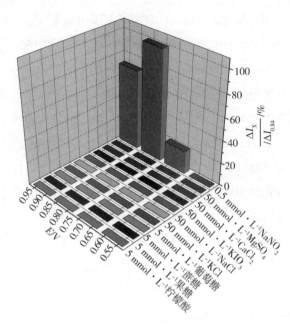

图 3 – 11    在不同应用电势下，复合膜{PEI/[PMo₁₁V/PDDA – rGO]₆/PMo₁₁V}
在缓冲溶液中对不同浓度干扰物质的选择性

进一步探究传感器的检测范围，采用安培计时法，选择 + 0.84 V 作为测试电位，在 0.2 mol · L⁻¹ PBS (pH = 7.0)缓冲溶液中每隔 50 s 滴加一次 $NO_2^-$，电流信号在每次加入 $NO_2^-$ 后迅速增强，并在 2 s 内达到稳定，连续测试 1900 s 后得到一个稳定阶跃的安培响应图，如图 3 – 12(a)所示。图 3 – 12(a)中的插图分别表示 200 ~ 950 s 处电流响应的放大图和电流的响应时间图。图 3 – 12(b)是电流和 $NO_2^-$ 浓度的线性关系，经拟合得到其回归方程为：$I_{NO_2^-} = 0.465 + 0.077\ c_{NO_2^-}$，$R^2 = 0.9977$。复合膜{PEI/[PMo₁₁V/PDDA – rGO]₆/PMo₁₁V}对 $NO_2^-$ 响应的线性范围为 $1.25 \times 10^{-7} \sim 1.16 \times 10^{-3}$ mol · L⁻¹，当信噪比为 3 时，检测限为 $2.8 \times 10^{-9}$ mol · L⁻¹。该传感器展现了较宽的线性范围和较低的检测限。

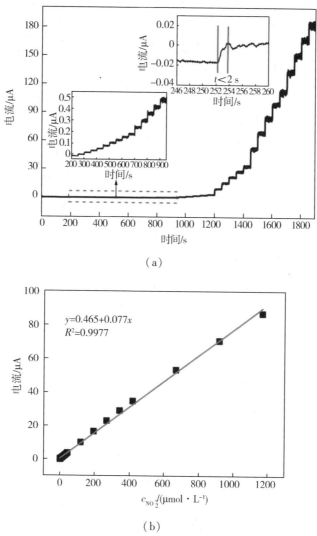

（a）

（b）

图 3 – 12　（a）复合膜 $\{PEI/[PMo_{11}V/PDDA - rGO]_6/PMo_{11}V\}$
在缓冲溶液中连续加入不同浓度的 $NO_2^-$ 的典型的安培计时图；
（b）复合膜 $\{PEI/[PMo_{11}V/PDDA - rGO]_6/PMo_{11}V\}$ 的稳态电流与 $NO_2^-$ 浓度的线性方程

## 3.5.2　传感器的稳定性和真实样品检测

复合膜 $\{PEI/[PMo_{11}V/PDDA - rGO]_6/PMo_{11}V\}$ 在 $-0.4 \sim 1.0$ V 的范围

内,以 $100\ mV\cdot s^{-1}$ 的扫速进行 100 个循环的循环伏安测试,结果如图 3 – 13 所示。在 100 个循环后,峰电流几乎没有发生变化,仍保持在初始电流值的 99.61%,且峰电位也没有发生改变,说明在连续的循环伏安扫描之后,复合膜仍未从玻碳电极上脱落,具有很好的稳定性。

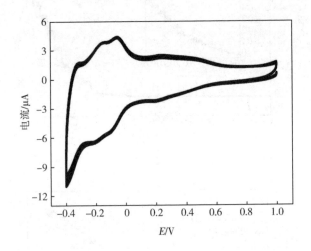

图 3 – 13　复合膜 $\{PEI/[PMo_{11}V/PDDA – rGO]_6/PMo_{11}V\}$
在缓冲溶液中扫描 100 个循环的循环伏安图

为了探究该亚硝酸盐传感器在真实样品中的应用能力,通过电流 – 时间法分别检测矿物质水、牛奶、自来水中亚硝酸盐的含量。分别将 4 mL 矿物质水、牛奶、自来水用 40 mL $0.2\ mol\cdot L^{-1}$ PBS (pH = 7.0)缓冲溶液稀释,通过标准滴加法进行测试,计算结果分别列于表 3 – 1、表 3 – 2 和表 3 – 3 中。五次实验的结果表明,复合薄膜 $\{PEI/[PMo_{11}V/PDDA – rGO]_6/PMo_{11}V\}$ 在矿物质水中对 $NO_2^-$ 检测平均回收率为 99.79%,在牛奶中对 $NO_2^-$ 检测平均回收率为 99.79%,在自来水中对 $NO_2^-$ 检测平均回收率为 99.71%。结果表明该传感器对真实样品中 $NO_2^-$ 的检测有良好的应用前景。

表 3-1　在矿物质水中检测 $NO_2^-$ 的回收实验

| 样品 | $c_{NO_2^-}/(\mu mol \cdot L^{-1})$ （添加量） | $c_{NO_2^-}/(\mu mol \cdot L^{-1})$ （检出量） | 回收率/% |
|---|---|---|---|
| 1 | 22.7273 | 22.7366 | 100.04 |
| 2 | 45.4546 | 44.9684 | 98.93 |
| 3 | 68.1819 | 69.1342 | 101.40 |
| 4 | 90.9092 | 90.4002 | 99.44 |
| 5 | 113.6365 | 113.6003 | 99.12 |
| 平均 | — | — | 99.79 |

表 3-2　在牛奶中检测 $NO_2^-$ 的回收实验

| 样品 | $c_{NO_2^-}/(\mu mol \cdot L^{-1})$ （添加量） | $c_{NO_2^-}/(\mu mol \cdot L^{-1})$ （检出量） | 回收率/% |
|---|---|---|---|
| 1 | 22.7273 | 22.3270 | 98.24 |
| 2 | 45.4546 | 45.3600 | 99.79 |
| 3 | 68.1819 | 68.3890 | 100.30 |
| 4 | 90.9092 | 92.4210 | 101.66 |
| 5 | 113.6365 | 112.4480 | 98.95 |
| 平均 | — | — | 99.79 |

表 3-3　在自来水中检测 $NO_2^-$ 的回收实验

| 样品 | $c_{NO_2^-}/(\mu mol \cdot L^{-1})$ （添加量） | $c_{NO_2^-}/(\mu mol \cdot L^{-1})$ （检出量） | 回收率/% |
|---|---|---|---|
| 1 | 22.7273 | 22.1454 | 97.44 |
| 2 | 45.4546 | 45.3551 | 99.78 |
| 3 | 68.1819 | 69.5317 | 101.98 |
| 4 | 90.9092 | 90.8061 | 99.89 |
| 5 | 113.6365 | 113.0490 | 99.48 |
| 平均 | — | — | 99.71 |

## 3.6　本章小结

本章采用了层层自组装的方法,使用 Keggin 型磷钼钒杂多酸和石墨烯,以玻碳电极作为基底,构建了复合膜 $\{PEI/[PMo_{11}V/PDDA-rGO]_n/PMo_{11}V\}$ 修饰的电化学传感器,用以检测 $NO_2^-$。采用 TEM、SEM、AFM 和 UV-vis 对复合膜的形貌和膜增长过程进行了表征,同时运用循环伏安法、电化学阻抗法和安培计时法等对 $\{PEI/[PMo_{11}V/PDDA-rGO]_n/PMo_{11}V\}$ 复合膜进行了电化学性质和传感性能的探究,测得的线性范围为 $1.25\times10^{-7}\sim1.16\times10^{-3}\ \text{mol}\cdot\text{L}^{-1}$,检测限为 $2.8\times10^{-9}\ \text{mol}\cdot\text{L}^{-1}$。同时,常见的共存物(如亚硝酸钠、氯化钾、硫酸镁、氯化钙、氯化钠、碘酸钾、柠檬酸、葡萄糖、蔗糖、果糖)对 $NO_2^-$ 检测不存在干扰。利用该传感器对矿物质水、牛奶、自来水真实样品进行了分析检测,回收率均在允许误差范围之内。

# 第4章 Cs/Ce‐MOF复合材料的制备及色氨酸传感性能研究

## 4.1 引言

色氨酸(Trp)是人体必需的氨基酸之一,是烟酸、5‐羟色胺(神经递质)和褪黑素(神经激素)的前体。它是蛋白质的重要组成部分,也是人体营养中不可缺少的物质,是建立和保持氮平衡的必要条件。这种氨基酸不能直接在人体内合成,也很少存在于蔬菜中,因此,必须从食品和药物配方中摄取。最近的研究表明,血液中色氨酸水平异常会导致精神分裂症和孤独症。因此,需要建立一种快速、简便的测定色氨酸的方法。

迄今为止,已有许多分析技术应用于色氨酸的测定,如高效液相色谱法、荧光法、毛细管电泳法、比色法和电化学等。其中,电化学法因其灵敏度高、操作简便、成本低等优点,引起了人们的广泛兴趣。然而色氨酸在裸电极上直接氧化会导致电子转移过程缓慢,电化学活性较差。此外,多巴胺、尿酸和色氨酸共存于人体血清中,它们在裸电极上的氧化电位接近甚至重叠,很难选择性地测定其中的某一种检测物。因此,开发一种具有高选择性的电化学传感器具有重要意义。

金属有机框架具有多孔性、大的比表面积、开放的金属不饱和活性位点,因此具有优越的催化活性,在电化学领域具有广泛的应用。大多数金属有机框架的合成需要在高温、高压或者有机溶剂中进行,这样一方面增加了生产成本,另一方面给规模生产带来了困难。为克服以上困难,本章选取了金属元素铈和1,3,5-均苯三甲酸有机配体,在室温条件下,用水和乙醇作为溶剂,采用直接沉淀法合成了铈基金属有机框架[Ce(Ⅲ)-MOF],再通过原位部分氧化法将部分 $Ce^{3+}$ 氧化成 $Ce^{4+}$,制备了具有类酶活性的混合价态的 Ce(Ⅲ,Ⅳ)-MOF,简称 Ce-MOF。由于 Ce-MOF 的尺寸较大,直接修饰到电极表面易脱落,需要选择一种固定基质与其复合,从而有效提高传感器的性能。

壳聚糖(Cs)是甲壳素脱乙酰得到的一种多糖,是一种天然的高分子聚合物。Cs 具有优异的成膜能力、高的透水性、良好的附着力和生物相容性以及高的机械强度,被广泛应用于生物的固定化基质中。同时,它还含有大量的活性氨基和羟基官能团,与生物识别元件相互作用,提供具有生物相容性的环境,并且有长期的功能稳定性。因此,Cs 成为固定分散 Ce-MOF 的理想基质。基于上述想法,本章通过在 Cs 溶液中分散 Ce-MOF 制备了一种 Cs/Ce-MOF 复合材料,将其修饰到玻碳电极上,构建了用于传感色氨酸的电化学传感器,修饰电极的制备过程及传感色氨酸的示意图如图 4-1 所示。

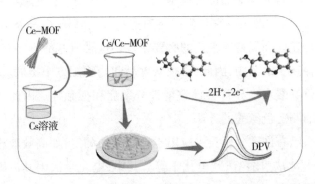

图 4-1 Cs/Ce-MOF 修饰电极的制备过程及传感色氨酸的示意图

## 4.2　Cs/Ce - MOF 复合材料及其修饰电极的制备

### 4.2.1　Cs/Ce - MOF 复合材料的制备

Ce(Ⅲ) - MOF 合成的具体操作过程如下。A 溶液:将 1,3,5 - 均苯三甲酸溶解于 40 mL 乙醇和水（体积比 = 1:1）的混合溶剂中。B 溶液:将 Ce(NO$_3$)$_3$ · 6H$_2$O 溶解于 1 mL 去离子水中。在 A 溶液剧烈搅拌的条件下,将 B 溶液逐滴加入 A 溶液中,并持续搅拌 5 min。将所得产物 4000 r · min$^{-1}$ 离心 5 min,并用水洗涤 5 次,80 ℃真空干燥,得到白色固体粉末。

然后取 30 mg Ce(Ⅲ) - MOF 将其超声分散在 6 mL 蒸馏水中,随后加入 75 μL 新制备的 NaOH 和 H$_2$O$_2$ 混合溶液（9.5 mL 2.5 mol · L$^{-1}$ NaOH 和 0.5 mL 30% H$_2$O$_2$）进行原位部分氧化。反应进行 5 min,悬浮液由白色变为黄色,然后多次离心,水洗直至上清液呈中性,将产物在真空烘箱中 60 ℃干燥 12 h。氧化后所得产物为混合价态的 Ce(Ⅲ,Ⅳ) - MOF,简写为 Ce - MOF。

### 4.2.2　Cs/Ce - MOF 复合材料修饰电极的制备

将适量 Cs 溶解在 1 mL 1% 的乙酸溶液中,制备不同浓度的 Cs 溶液,然后加入 2 mg Ce - MOF,超声分散均匀,取 10 μL Cs/Ce - MOF 悬浊液滴加在打磨好的玻碳电极表面,在烘箱中 60 ℃干燥 5 ~ 8 min。

## 4.3　Ce - MOF 的物理表征及分析

### 4.3.1　傅里叶变换红外光谱

采用傅里叶变换红外光谱对合成的材料进行表征。如图 4 - 2 所示,Ce(Ⅲ) - MOF 和 Ce(Ⅲ,Ⅳ) - MOF 的红外谱图具有相似的官能团特征,并与文献报道一致,说明 Ce(Ⅲ) - MOF 和 Ce(Ⅲ,Ⅳ) - MOF 含有相同的化学键。其中位于 3398 cm$^{-1}$ 处的宽峰为 O—H 键的伸缩振动峰,位于 1613 ~ 1554 cm$^{-1}$ 范围内的峰为配体中—COO$^-$ 的反对称伸缩振动峰,位于 1433 ~ 1371 cm$^{-1}$ 范围内的峰为配体中—COO⁻的伸缩振动峰,531 cm⁻¹处的峰为 Ce—O 键的伸缩振动峰。

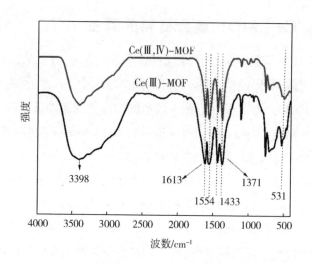

图 4-2  不同材料的傅里叶变换红外光谱图

## 4.3.2  X 射线粉末衍射

为了比较部分氧化前后金属有机框架的结构,对所合成的材料进行了 XRD 测试。如图 4-3 所示,合成的 Ce(Ⅲ)-MOF 的 XRD 谱图与模拟的谱图的主要衍射峰一致,并且与已报道的文献中的衍射峰位置一致,证明已成功制备了 Ce(Ⅲ)-MOF。部分氧化后生成的 Ce(Ⅲ,Ⅳ)-MOF 的 XRD 谱图与 Ce(Ⅲ)-MOF 的主要衍射峰一致,说明部分氧化后只是改变了金属 Ce 的化合价,并没有改变它原来的结构。

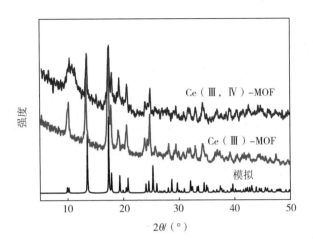

图4-3　不同材料的XRD谱图

## 4.3.3　X射线光电子能谱

为了进一步确定合成材料的元素组成以及 Ce 的化学价态,对部分氧化后所得产物进行了 XPS 测试,结果如图 4-4 所示。从图 4-4(a)中能够看出,部分氧化后得到的化合物中含有 C、O、Ce 元素。图 4-4(b)为 C 1s 的高分辨 XPS 谱图,图中位于 284.8 eV、286.3 eV 和 288.7 eV 的特征峰分别归属于 C—C、C—O 和 C =O。图 4-4(c)为 O 1s 的高分辨 XPS 谱图,图中位于 529.5 eV、531.5 eV 和 533.5 eV 的特征峰分别归属于 Ce—O、吸附氧和 C—O。图 4-4(d)为 Ce 3d 元素的高分辨 XPS 谱图,标记的 u 和 v 分别代表自旋轨道 $3d_{3/2}$ 和 $3d_{5/2}$,其中 $u_1$ 和 $v_1$ 代表 $Ce^{3+}$,$u_0$、$u_2$、$u_3$、$v_0$、$v_2$ 和 $v_3$ 代表 $Ce^{4+}$。由 XPS 测试结果可知,经过部分氧化得到的 MOF 中的同时含有 $Ce^{3+}$ 和 $Ce^{4+}$。

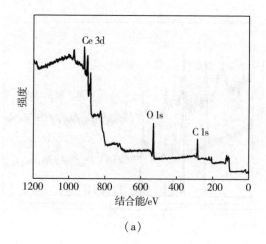

（a）

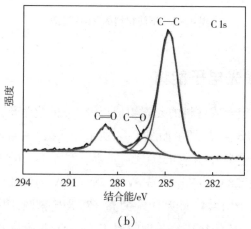

（b）

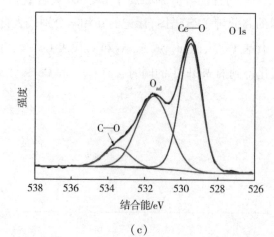

（c）

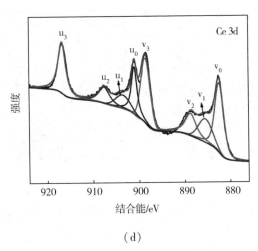

(d)

图 4 - 4　Ce - MOF 的 XPS 表征

(a)XPS 全谱;(b)C 1s 的高分辨 XPS 谱图;

(c)O 1s 的高分辨 XPS 谱图;(d)Ce 3d 的高分辨 XPS 谱图

## 4.3.4　表面形貌分析

利用 SEM 对合成的不同组分材料的形貌进行了表征。图 4 - 5(a)和图 4 - 5(b)为 Ce(Ⅲ) - MOF 的 SEM 图,从图中可以观察到 Ce(Ⅲ) - MOF 呈现麦捆状,并且单个麦捆的长度在 4~5 μm 范围内,中间直径为 1~2 μm。图 4 - 5(b)为单个放大的麦捆状 Ce(Ⅲ) - MOF 的 SEM 图,其中的插图为单个 Ce(Ⅲ) - MOF 的局部放大图,从图中能够看出麦捆的顶部是由许多个独立的纳米棒组成的,其宽度约为 100 nm。图 4 - 5(c)为部分氧化后得到的 Ce(Ⅲ,Ⅳ) - MOF 的 SEM 图,从图中仍可以清晰地看到麦捆状的形貌,说明氧化后的材料形貌没有发生改变。图 4 - 5(d)为负载 Cs 后得到的复合材料的 SEM 图,从图中能够看到 Cs 膜将 Ce(Ⅲ,Ⅳ) - MOF 包覆其中,形成牢固稳定的复合材料,使其不易从电极表面脱落。

(a)                                          (b)

(c)                                          (d)

图 4 – 5　不同材料的 SEM 图

（a）和（b）Ce（Ⅲ）– MOF；（c）Ce（Ⅲ,Ⅳ）– MOF；（d）Cs/Ce（Ⅲ,Ⅳ）– MOF 复合材料

## 4.4　Cs/Ce – MOF 复合材料电化学传感色氨酸的研究

### 4.4.1　修饰电极的电化学阻抗

　　本章电化学部分研究的只是经过部分氧化后得到的混合价态的 Ce（Ⅲ,Ⅳ）– MOF 的电化学性质，为了表述方便，后续描述统一使用简写形式 Ce – MOF。

　　利用电化学阻抗谱研究了 Cs、Ce – MOF 和 Cs/Ce – MOF 修饰电极的电化学反应动力学，探究了它们的电子传输能力。图 4 – 6 是 Cs、Ce – MOF 和 Cs/

Ce - MOF 修饰电极在 $0.1\ mol \cdot L^{-1}\ KCl,5.0\ mmol \cdot L^{-1}[Fe(CN)_6]^{3-/4-}$ 溶液中的电化学阻抗谱。

　　从图 4 - 6 可以观察到,Cs/Ce - MOF 复合材料修饰电极的电荷转移电阻明显小于 Cs 和 Ce - MOF 单独修饰电极的。可能是在 Cs/Ce - MOF 复合材料修饰电极上,Cs 在酸性条件下发生了氨基质子化反应而带上了正电荷,使其易于与带负电荷的氧化还原探针 $[Fe(CN)_6]^{3-/4-}$ 之间静电吸引,从而促进了电荷的转移,同时 Cs 的固载使得 Ce - MOF 分散均匀,有利于电荷转移。因此,复合材料 Cs/Ce - MOF 修饰电极的电荷转移电阻变小。利用 Zview 软件,根据等效电路图(图 4 - 6 插图)和实验数据拟合,Cs/Ce - MOF 修饰电极的电荷转移电阻值($R_{ct}$)为 53 Ω。

　　利用公式(4 - 1)计算了电子传递速率常数($K_{et}$):

$$K_{et} = \frac{1}{2R_{ct}CPE} \qquad (4-1)$$

其中,CPE 代表常相位元件,通过 Zview 软件拟合得到,Cs/Ce - MOF 的 CPE 值为 $0.82\ \mu F \cdot s^{-1}$,通过计算可得 Cs/Ce - MOF 的电子传递速率常数为 11.5。

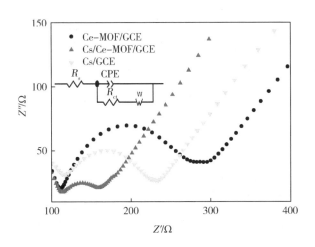

图 4 - 6　Cs、Ce - MOF、Cs/Ce - MOF 修饰电极的电化学阻抗谱

## 4.4.2　修饰电极的电活性表面积

　　图 4 - 7 是 Ce - MOF 和 Cs/Ce - MOF 复合材料修饰电极在 $5.0\ mmol \cdot L^{-1}$

$[Fe(CN)_6]^{3-/4-}$ 和 0.1 mol·$L^{-1}$ KCl 混合溶液中,扫速(由内到外)为 50 mV·$s^{-1}$、60 mV·$s^{-1}$、70 mV·$s^{-1}$、80 mV·$s^{-1}$、90 mV·$s^{-1}$ 和 100 mV·$s^{-1}$ 的 CV 曲线图,从图中能够观察到一对明显的氧化还原峰。如图 4-7(a)所示,当扫速为 100 mV·$s^{-1}$ 时,氧化峰和还原峰的电位差为 252 mV,峰电流为 94.5 μA。相同条件下,如图 4-7(b)所示,Cs/Ce-MOF 复合材料修饰电极的氧化峰和还原峰的电位差为 131 mV。电位差减小且峰电流增大到 196 μA,表明 Cs/Ce-MOF 复合材料修饰电极的电化学活性增强。

　　图 4-7(a)和图 4-7(b)的插图显示了它们的氧化峰电流($I_{pa}$)与扫描速率的平方根($v^{1/2}$)之间的线性关系,其中 Ce-MOF 修饰电极的氧化峰电流与扫描速率的平方根的线性方程为:$I_{pa} = -1.149 + 302.37 v^{1/2}$($R^2 = 0.996$)。Cs/Ce-MOF 修饰电极的氧化峰电流与扫描速率的平方根的线性方程为:$I_{pa} = -30.65 + 713.68 v^{1/2}$($R^2 = 0.998$),表明其氧化还原过程为扩散控制过程。电极的活性比表面积可以根据 Randles-Sevicik 方程计算。

$$I_p = 2.69 \times 10^5 \, n^{3/2} A D^{1/2} v^{1/2} c \qquad (4-2)$$

其中,$I_p$ 是响应峰电流(A),$n$ 是电子转移数($n = 1$),$A$ 是活性表面积($cm^2$),$D$ 是扩散系数($cm^2 \cdot s^{-1}$),$v$ 是扫描速率($V \cdot s^{-1}$),$c$ 是氧化还原探针的体积浓度($mol \cdot cm^{-3}$)。由 $I_{pa}$ 相对于 $v^{1/2}$ 的斜率关系计算可得:Cs/Ce-MOF 修饰电极的活性表面积为 0.192 $cm^2$,大于 Ce-MOF 修饰电极的活性表面积 0.081 $cm^2$ 以及裸玻碳电极的活性表面积 0.071 $cm^2$。

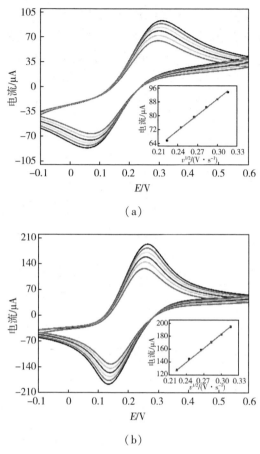

图 4－7　不同扫速下的循环伏安图

(a)Ce－MOF；(b)Cs/Ce－MOF

## 4.4.3　修饰电极对色氨酸的氧化电流响应

与传统的 CV 相比,差分脉冲伏安法(DPV)具有灵敏度高、分辨率高等优点。因此,本章采用 DPV 研究了 Cs、Ce－MOF 和 Cs/Ce－MOF 修饰电极对色氨酸氧化反应的电流响应。图 4－8(a)显示了 Cs/Ce－MOF 修饰的电极对不同浓度色氨酸的电流响应,从图 4－8(a)的插图可以看出,随着色氨酸浓度的增大,响应电流呈现线性增长,表明 Cs/Ce－MOF 修饰电极可用于电化学传感色氨酸。图 4－8(b)显示了 Cs、Ce－MOF 和 Cs/Ce－MOF 修饰电极对 0.05 mmol·L⁻¹色氨酸电流响应的比较图。从图中可以观察到,单独 Cs 和 Ce-MOF 修饰电极对色氨酸氧化都有电流响应,Cs/Ce-MOF 复合材料修饰电极的电流响应较单纯 Cs 修饰电极提高 54%,较单纯 Ce-MOF 修饰电极提高 28%。

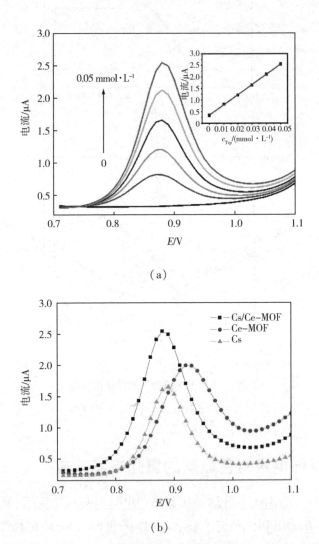

(a)

(b)

图 4-8 (a)Cs/Ce-MOF 修饰电极对不同浓度色氨酸的 DPV 曲线;(b)裸玻碳电极、Ce-MOF 和 Cs/Ce-MOF 修饰电极对 0.05 mmol·L⁻¹色氨酸的 DPV 曲线

经分析,Cs/Ce-MOF 复合材料修饰电极对色氨酸有较大的电流响应的可

能原因如下:第一,Ce – MOF 中混合价态的 $Ce^{3+}/Ce^{4+}$ 在电化学反应中能够进行可逆的氧化还原反应,具有类酶活性,因此对色氨酸氧化具有很好的催化作用;第二,金属有机框架的多孔性有利于增加活性位点,并且有利于富集更多的目标检测物,产生更大的响应电流;第三,将 Ce – MOF 分散到 Cs 溶液中修饰到玻碳电极上,防止了 Ce – MOF 的聚集;第四,Cs 具有很好的成膜性和渗透性,使得修饰电极表面不易脱落,获得了稳定的响应电流;第五,Cs 与色氨酸之间氢键的相互作用,使得复合材料修饰电极具有更大的响应电流;第六,通过引入 Cs,复合材料修饰电极的催化电位降低了 40 mV,进而降低能耗。因此,Cs 和 Ce – MOF 的协同作用有效提高了修饰电极对色氨酸的电流响应。

为了进一步探究色氨酸的氧化机理,在含有 50 $\mu mol \cdot L^{-1}$ 色氨酸的 0.1 $mol \cdot L^{-1}$ PB 溶液(pH = 3)中,用 CV 法测定了其在扫描速率分别为 20 $mV \cdot s^{-1}$、40 $mV \cdot s^{-1}$、60 $mV \cdot s^{-1}$、80 $mV \cdot s^{-1}$、100 $mV \cdot s^{-1}$ 和 120 $mV \cdot s^{-1}$ 条件下的循环伏安图。

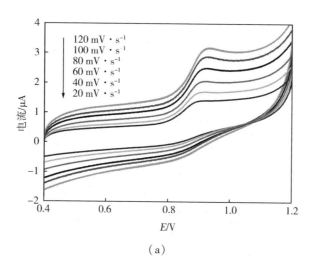

(a)

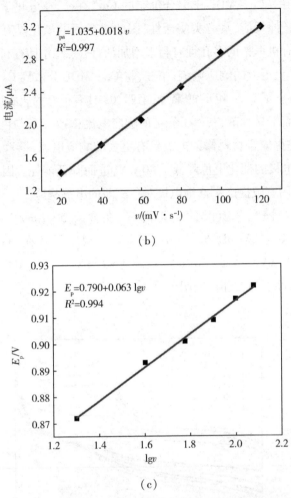

图 4 - 9  Cs/Ce - MOF 修饰电极在不同扫速下的 CV 曲线及其相应的线性关系图

(a)在 50 μmol·L⁻¹色氨酸溶液中的 CV 曲线;(b)扫描速率与峰电流的线性关系图;

(c)扫描速率的对数与峰电位的线性关系图

如图 4 - 9(a)和图 4 - 9(b)所示,色氨酸的氧化峰电流随扫描速率增大而不断增大,并且呈线性关系:$I_{pa} = 1.035 + 0.018\ v(R^2 = 0.997)$,表明该反应为表面控制过程。图 4 - 9(c)显示的是氧化峰电位与扫描速率的对数的线性关系,其线性回归方程是:$E_p = 0.790 + 0.063\ \lg v(R^2 = 0.994)$,根据 Laviron 理论计算电子转移数:

$$E_p = E_0' + \frac{2.3RT}{(1-\alpha)nF}\lg v \tag{4-3}$$

其中,$E_0'$ 为标准电极电势,$R$ 为气体常数,$T$ 为温度,$F$ 为法拉第常数,$n$ 为电子转移数,$\alpha$ 为电子转移系数,对于不可逆的电极过程,电子转移系数可以假定为 0.5,根据 $E_p$ 相对于 $\lg v$ 的斜率关系计算可得该反应所涉及的电子数为 1.87,接近 2,这与先前的报道是一致的。因此,色氨酸的氧化过程是 2 电子参与过程,反应机理如图 4 – 10 所示。

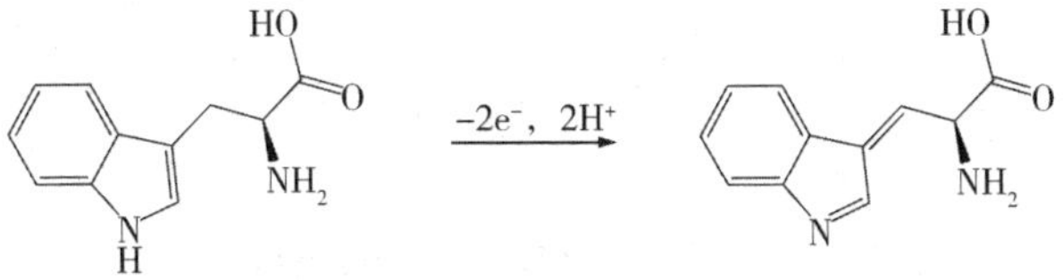

图 4 – 10　色氨酸在 Cs/Ce – MOF 修饰电极上的氧化机理

## 4.4.4　壳聚糖的浓度和溶液 pH 值对色氨酸氧化电流的影响

### 4.4.4.1　壳聚糖浓度的影响

壳聚糖作为 Ce – MOF 的载体修饰到玻碳电极上,其浓度对修饰电极的电流响应有很大影响。本章探究了不同浓度的壳聚糖负载 Ce – MOF 修饰电极对色氨酸电流响应的影响,结果如图 4 – 11 所示。

固定 Ce – MOF 的浓度为 2 mg·mL$^{-1}$,壳聚糖的浓度分别 1 mg·mL$^{-1}$、2 mg·mL$^{-1}$、3 mg·mL$^{-1}$ 和 4 mg·mL$^{-1}$。利用 DPV 法测试上述不同浓度的电极对色氨酸氧化的响应电流大小。如图 4 – 11 所示,当壳聚糖浓度为 2 mg·mL$^{-1}$ 时,响应电流最大。这可能是因为浓度太低的壳聚糖导致活性物质修饰量太少,降低其活性,而浓度太高又导致修饰膜偏厚,影响电极的导电性能。因此,浓度为 2 mg·mL$^{-1}$ 的壳聚糖被用作 Ce – MOF 的载体进行修饰电极。

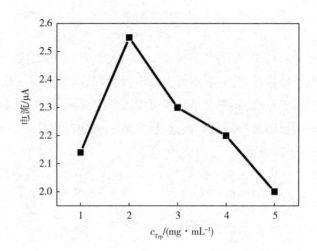

**图 4 – 11　壳聚糖浓度对 Trp 响应电流的影响**

#### 4.4.4.2　溶液 pH 值对色氨酸氧化峰电流和电位的影响

　　溶液 pH 值的变化对电化学反应体系有很大的影响,因此采用 DPV 法测试了 pH 值对色氨酸氧化的影响。在 $0.1 \ mol \cdot L^{-1}$ PB,pH 值为 $2.0 \sim 8.0$ 范围内的缓冲溶液中,Cs/Ce – MOF 修饰电极对色氨酸的氧化峰电流和电位的影响如图 4 -12 所示。

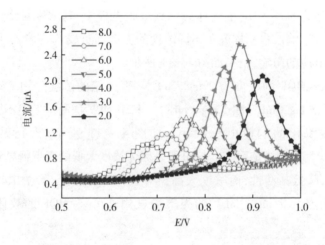

**图 4 – 12　在不同 pH 值缓冲溶液中,Cs/Ce – MOF 修饰电极对色氨酸的 DPV 曲线**

从图 4 - 12 可以看出,当缓冲溶液的 pH 值增大时,色氨酸的氧化电位向负方向移动,说明该反应是由质子参与的电极反应。当 pH 值从 2.0 增加到 3.0 时,氧化峰电流增大。当 pH 值在 3.0 ~ 8.0 范围内时,随着 pH 值的逐渐增大,氧化电流又逐渐减小。从图中可以观察到色氨酸的氧化电流在 pH 值为 3.0 时最大。因此,考虑到最大电流,选择 pH 值为 3.0 作为最佳 pH 值。

## 4.4.5 选择性和线性范围

选择性是判断传感器实用性的一个重要参数。在应用于血清体系中时,电化学检测色氨酸常伴随的干扰物有多巴胺(DA)、尿酸(UA)、抗坏血酸、葡萄糖以及一些无机离子如 $K^+$、$Na^+$、$Cl^-$ 和 $NO_2^-$。在 0.1 mol·$L^{-1}$ PB (pH = 3.0)溶液中,电势范围为 0.3 ~ 1.1 V 范围内,利用 DPV 法对上述干扰物进行检测,结果表明,该传感器对 DA 和 UA 有电流响应,对其他物质均无响应。

如图 4 - 13(a)所示,每次同时加入 10 μmol·$L^{-1}$ 的 DA、UA 和 Trp,氧化电流同时均匀增长。它们的氧化电位分别是 0.40 V、0.55 V 和 0.88 V,它们之间的峰电位差分别为 150 mV(DA - UA)和 330 mV(UA - Trp),电位差均大于 100 mV,表明复合材料 Cs/Ce - MOF 修饰的电极可以同时检测 DA、UA 和 Trp,彼此之间无干扰。此外,在 DA 和 UA 同时存在的情况下,加入 10 μmol·$L^{-1}$、20 μmol·$L^{-1}$、30 μmol·$L^{-1}$、40 μmol·$L^{-1}$ 和 50 μmol·$L^{-1}$ 的色氨酸,氧化峰电流随着色氨酸浓度的升高而均匀增大,如图 4 - 13(b)所示,表明即使有干扰物存在的条件下,也可以选择性地检测色氨酸。上述实验表明,该传感器对色氨酸的检测具有良好的选择性,在实际应用中具有很好的抗干扰性。

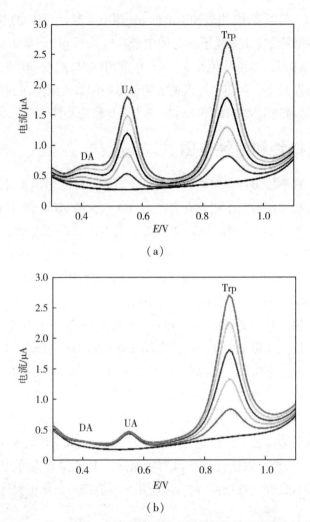

图 4 – 13　(a)Cs/Ce – MOF 修饰电极对同时加入的不同浓度的 DA、

UA 和 Trp 的电流响应;(b)在 10 μmol · L⁻¹ DA 和 UA 存在的条件下,

Cs/Ce – MOF 修饰电极对连续加入的 Trp 的电流响应

　　采用 DPV 法探究该传感器的线性范围、检测限和灵敏度。在 0.1 mol · L⁻¹ PB（pH = 3.0）缓冲溶液中,Cs/Ce – MOF 修饰电极对加入不同浓度的色氨酸的电流响应如图 4 – 14 所示。图 4 – 14 的插图表示在 0.88 V 电位下,氧化峰电流与色氨酸浓度的线性关系图。线性回归方程为:$I_{pa} = 0.594 + 0.047\ c_{Trp}$（$R^2 = 0.997$）。通过计算可知,在 0.25 ~ 331 μmol · L⁻¹ 范围内,氧化峰电流随色氨酸浓度的升高而线性增长。根据灵敏度的计算公式(灵敏度 = $S/A$,其中 $S$ 是回归方程的斜率,$A$ 是电极的表面积)可得,该传感器的灵敏度为 $0.665\ \mu A \cdot L \cdot \mu mol^{-1} \cdot cm^{-2}$。检测限为 $0.14\ \mu mol \cdot L^{-1}$。

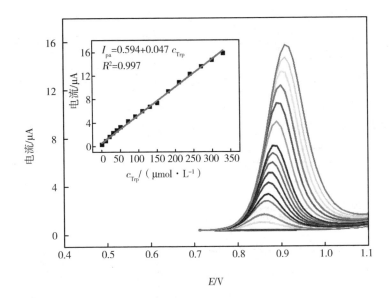

图 4 - 14    Cs/Ce - MOF 修饰电极对不同浓度色氨酸的电流响应

　　将该传感器与已报道的色氨酸传感器的对比如表 4 - 1 所示。通过对比可知,该传感器的线性范围比乙酰胆碱传感器宽两个数量级,检测限较纳米 Au/MWCNT、乙酰胆碱、$\beta$ - CD/$Fe_3O_4$ 和 Nafion/$TiO_2$ - 石墨烯传感器低。因此,该传感器是一种很有前途的色氨酸电化学传感器。

表 4-1    本书所制备的色氨酸传感器与一些已报道的传感器的对比

| 传感器 | 线性范围/($\mu mol \cdot L^{-1}$) | 检测限/($\mu mol \cdot L^{-1}$) |
|---|---|---|
| Cs/Ce – MOF | 0.25 ~ 331 | 0.14 |
| 纳米 Au/MWCNT | 5 ~ 100 | 3 |
| CeVO$_4$ | 0.1 ~ 94 | 0.024 |
| 壳聚糖膜 | 0.1 ~ 130 | 0.04 |
| AgNP/MIL – 101 | 1 ~ 150 | 0.14 |
| $\beta$ – CD/Fe$_3$O$_4$ | 0.8 ~ 300 | 0.5 |
| 乙酰胆碱 | 2 ~ 60 | 0.6 |
| Nafion/TiO$_2$ – 石墨烯 | 5 ~ 140 | 0.7 |
| 4 – 对氨基苯甲酸 | 1 ~ 100 | 0.2 |

## 4.4.6    重现性和稳定性

一个优异的电化学传感器需具备良好重现性以及长期稳定性。为评价该传感器的重现性,在相同的实验条件下制备了 5 支 Cs/Ce – MOF 复合材料修饰电极,并在相同的测试条件下检测同一浓度的色氨酸。通过 5 次平行测试获得的氧化峰电流的相对标准偏差(RSD)为 3.07% ($n = 5$),表明该传感器具有良好的重现性。将制备好的 Cs/Ce – MOF 修饰电极在室温中保存,每隔 10 天测量其对于 50 $\mu mol \cdot L^{-1}$ 色氨酸的电流响应。如图 4 – 15 所示,该传感器在存放 10 天、20 天和 30 天后,对色氨酸的氧化电流分别保持初始响应电流的 96.1%、92.9% 和 87.5%,表明该传感器具有很好的稳定性。

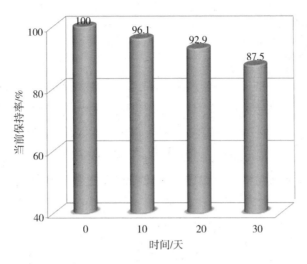

图 4 – 15　Cs/Ce – MOF 修饰电极 30 天的稳定性

## 4.4.7　实际样品的检测

为了探究所制备的传感器在真实样品中的适用性,将其用于检测人体血清中的色氨酸,具体的操作步骤如下:取 0.4 mL 的人体血清溶解稀释在 39.6 mL 0.1 mol · L$^{-1}$ pH = 3.0 的 PB 缓冲溶液中,采用标准加入法对稀释后的人体血清样品进行分析,实验结果列于表 4 – 2 中。

表 4 – 2　在人体血清中检测色氨酸的回收实验

| 样品 | $c_{Trp}$/(μmol · L$^{-1}$)(添加量) | $c_{Trp}$/(μmol · L$^{-1}$)(检出量) | 回收率/% |
| --- | --- | --- | --- |
| 1 | 10.00 | 9.98 | 99.80 |
| 2 | 20.00 | 20.04 | 100.20 |
| 3 | 30.00 | 30.29 | 100.97 |

将样品中的浓度与实际添加的已知浓度进行比较,得到了回收率,从而验证了生物传感器的准确性和精密度。通过计算,获得的回收率在 99.80% ~ 100.97% 的范围内,表明所制备的传感器对人体血清中色氨酸的检测具有应用

前景。

## 4.5　本章小结

　　本章利用直接沉淀法和原位部分氧化法生成具有氧化还原活性的 $Ce^{3+}/Ce^{4+}$ 混合价态的 Ce－MOF。利用生物相容性好且成膜能力强的壳聚糖溶液作为载体来分散 Ce－MOF,制备出 Cs/Ce－MOF 复合材料。利用 FT－IR、XRD、XPS、SEM 对其组成和形貌进行了表征,同时运用循环伏安法、电化学阻抗法和差分脉冲伏安法等对复合材料进行了电化学性质和传感色氨酸性能的探究。研究结果表明,该传感器的线性范围为 0.25～331 $\mu mol \cdot L^{-1}$,检测限为 0.14 $\mu mol \cdot L^{-1}$,灵敏度为 0.665 $\mu A \cdot L \cdot \mu mol^{-1} \cdot cm^{-2}$,且该传感器具有良好的选择性、重现性、稳定性以及在真实样品中应用的潜力。

# 第5章 Pt@MIL–101(Cr)复合材料的制备及黄嘌呤传感性能研究

## 5.1 引言

黄嘌呤(XA)是嘌呤核苷酸和脱氧核苷酸代谢的中间产物,是在三磷酸腺苷(ATP)分解后产生的。其作为尿酸代谢的前驱体,黄嘌呤是嘌呤异常的第一个指标,可作为许多临床疾病的标志。人体体液中高浓度的黄嘌呤还可引起高尿酸血症、痛风、肾功能衰竭等严重疾病。此外,在食品行业中,黄嘌呤的水平也被普遍用作鱼类新鲜度的评价指标。因此,能够快速灵敏地检测黄嘌呤的水平对临床诊断和对鱼产品的质量控制具有重要意义。

目前常用的分析方法有毛细管柱气相色谱法、高压液相色谱法、酶荧光法、化学发光法。然而,这些方法需要昂贵的仪器、复杂的样品处理、培训熟练的操作人员,同时测试需要耗费大量时间。与这些方法相比,电化学方法具有操作简单、灵敏度高、响应快等优点,是一种很好的替代方法。然而,大多数传统的黄嘌呤电化学传感器都是基于黄嘌呤氧化酶,它容易受到温度、pH值和湿度的影响,导致其稳定性差。因此,研制稳定的非酶黄嘌呤电化学传感器成为近年来许多科研工作者的研究热点。

MOF具有大的比表面积、高的孔隙率、开放的金属位点和有序的晶体结构。此外,MOF还具有多孔性,成为均匀负载金属纳米粒子的理想载体。然而,迄今为止,仅有一例卟啉基金属有机框架基复合材料用于电化学检测黄嘌呤。而采用金属有机框架负载金属纳米粒子作为非酶黄嘌呤电化学传感器尚未见文献报道。在各种各样的金属有机框架材料中,MIL–101(Cr)除了具有 MOF 材料的特点外还具有如下的特征。首先,它具有两种内部自由直径分别为 29 Å 和 34 Å 的介孔笼,两个自由直径分别为 12 Å 和 16 Å 的微孔窗。其次,MIL–101(Cr)具有许多不饱和的 Cr(Ⅲ)活性位点。这些特征使其在电化学传感器领域有着潜在的应用前景。因此,本章选用 MIL–101(Cr)与具有电导率高、比表面积大、生物相容性好的 Pt 纳米粒子复合,构建了 Pt@ MIL–101(Cr)复合材料,将其修饰到玻碳电极构建了用于传感黄嘌呤的电化学传感器。该传感器的制备及传感黄嘌呤的示意图如图 5–1 所示。

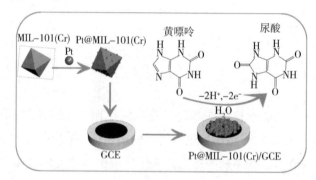

图 5–1　Pt@ MIL–101(Cr)修饰电极的制备及传感黄嘌呤的示意图

## 5.2　Pt@ MIL–101(Cr)复合材料及其修饰电极的制备

### 5.2.1　Pt@MIL–101(Cr)复合材料的制备

　　Pt 纳米粒子合成的具体操作过程如下:将 15.5 mg $H_2PtCl_6 \cdot 6H_2O$ 均匀分散在 5 mL 去离子水中,将 16.6 mg PVP 均匀分散在 40 mL 乙醇中。然后,在搅拌条件下,将 $H_2PtCl_6$ 溶液逐滴加入 PVP 溶液中,搅拌 2 min,加热回流 3 h。制得的 Pt 纳米粒子无须进一步处理,等待下一步直接使用。

MIL － 101( Cr)合成的具体操作过程如下:首先,将 533 mg CrCl$_3$ · 6H$_2$O 和 332. 2 mg H$_2$BDC 溶于 14. 4 mL H$_2$O 中,搅拌 3 min 后,将混合物加入反应釜中,在 210 ℃下加热反应 24 h,生成绿色微晶 MIL － 101( Cr)以及少量未反应的 H$_2$BDC。以 1000 r · min$^{-1}$离心 3 min;再以 8000 r · min$^{-1}$离心 3 min,分离并收集 MIL － 101( Cr)后用 DMF 洗涤两次。将制备好的 MIL － 101( Cr)在 80 mL DMF 中重新分散,备用。

在剧烈搅拌的条件下,将 20 mL 上述已制备好的 Pt 纳米粒子溶液逐滴加入 20 mL DMF 分散的 MIL － 101( Cr)悬浊液中,剧烈搅拌 2 h,然后以 8000 r · min$^{-1}$离心 3 min,收集 Pt@ MIL － 101( Cr),用乙醇洗涤两次,得到的产品在 80 ℃下干燥 24 h。

## 5.2.2　Pt@ MIL － 101( Cr)复合材料修饰电极的制备

称取 4 mg Pt@ MIL － 101( Cr)复合物,超声分散到 2 mL 乙醇和水(体积比为 1∶3)的混合溶剂中,超声时间约为 1 h,然后准确移取 10 μL Pt@ MIL － 101( Cr)的悬浊液滴涂在打磨好的玻碳电极表面,在烘箱中 60 ℃干燥 5 ~ 8 min。

## 5.3　Pt@ MIL － 101( Cr)复合材料的物理表征及分析

### 5.3.1　傅里叶变换红外光谱

利用傅里叶变联红外光谱对 MIL － 101( Cr)和 Pt@ MIL － 101( Cr)进行分析,如图 5 － 2 所示。

从 MIL － 101( Cr)的傅里叶红外谱图可以观察到在 579 cm$^{-1}$处有一个吸收峰,其归属于 Cr—O 的伸缩振动。在 750 cm$^{-1}$和 1017 cm$^{-1}$处出现了一个窄的吸收峰和一个弱的吸收峰,它们归属于苯环上 C—H 的弯曲振动。在 1408 cm$^{-1}$处的吸收峰归属于 O—C—O 的对称振动,这是 MIL － 101( Cr)骨架的典型特征峰。在 1625 cm$^{-1}$处的吸收峰证实了吸附水的存在。在 1705 cm$^{-1}$处的吸收峰归属于 C ═O 的伸缩振动。在 Pt@ MIL － 101( Cr)的傅里叶变联红外光谱上也同样能观察到上述吸收峰,通过对比可以看出,负载了 Pt 纳米粒子之后的

Pt@ MIL – 101(Cr)复合材料的红外峰仍然保持原有的吸收峰,表明 Pt@ MIL – 101(Cr)和 MIL – 101(Cr)具有相同的化学键。

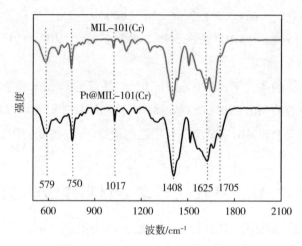

图 5 – 2　MIL – 101(Cr)和 Pt@ MIL – 101(Cr)的傅里叶变换红外光谱

## 5.3.2　X 射线粉末衍射

利用 XRD 对 MIL – 101(Cr)和 Pt@ MIL – 101(Cr)进行结构分析。如图5 – 3 所示,由于 MIL – 101(Cr)的介孔特性,大多数衍射峰都呈现在小角度范围内,主要衍射峰出现在 $2\theta$ 为 2.8°、3.3°、3.9°、5.1°和 9.1°的位置,这与模拟衍射谱图以及文献报道的结果非常吻合。但负载了 Pt 纳米粒子后的 XRD 谱图中并没有显示出 Pt 纳米晶的特征峰,这可能是两方面原因导致的:一是由于 Pt 的负载量较低(XPS 测试结果显示 Pt 的含量为 0.41%),二是由于 Pt 纳米粒子高度分散在 MIL – 101(Cr)中。

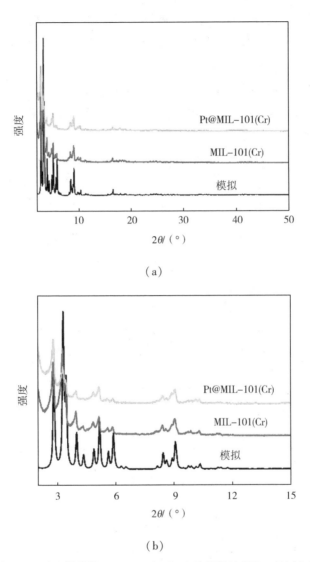

图 5－3　(a)模拟的 MIL－101(Cr)、实验制得的 MIL－101(Cr)

和 Pt@ MIL－101(Cr)的 XRD 谱图;(b)小角度区的放大谱图

## 5.3.3　X 射线光电子能谱

利用 X 射线光电子能谱测定了 Pt@ MIL－101(Cr)的元素组成及价态。图 5－4(a)显示的是复合材料 Pt@ MIL－101(Cr)的 XPS 总谱图,从图中可以看出,该复合材料中包含了 C、N、O、Cr 和 Pt 元素。进一步对 Cr 和 Pt 元素的高分辨 XPS 谱图分析可知,图 5 –4(b)中位于 577.3 eV 和 586.9 eV 的两个特征峰分别归属于 Cr $2p_{3/2}$ 和 Cr $2p_{1/2}$。图 5 –4(c)中位于 71.5 eV 和 74.9 eV 的两个特征峰分别归属于 Pt $4f_{7/2}$ 和 Pt $4f_{5/2}$,它们对应零价态的 Pt,表明氯铂酸已经被完全还原成了 Pt 纳米粒子。上述结果表明,Pt@ MIL –101(Cr)已被成功制得。

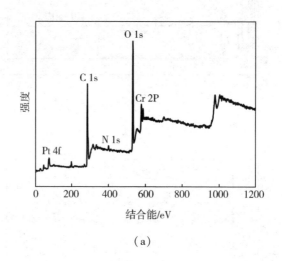

(a)

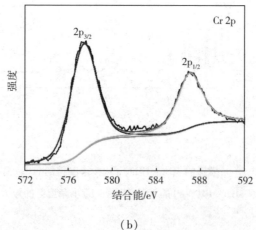

(b)

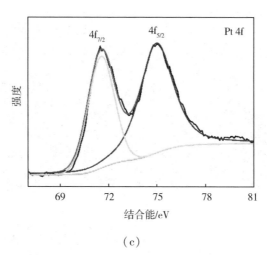

（c）

图 5 – 4 Pt@ MIL – 101(Cr)的 XPS 谱图

（a）全谱；（b）Cr 2p；（c）Pt 4f

## 5.3.4 表面形貌

利用 SEM 和 TEM 对材料的表面形貌进行分析。图 5 – 5(a) 和图 5 – 5(b) 分别为 MIL – 101(Cr) 和 Pt@ MIL – 101(Cr) 的 SEM 图。从图中能够观察到大量、规则的八面体晶粒,晶体颗粒尺寸较为均匀,粒径在 150 ~ 200 nm 之间。图 5 – 5(b) 为负载 Pt 纳米粒子后晶体的 SEM 图,从图中能够观察到 MIL – 101 (Cr) 负载了 Pt 纳米粒子并没有改变金属有机框架的晶体形貌。图 5 – 5(c) 显示的是 Pt@ MIL – 101(Cr) 的 TEM 图,从图中可以看出 Pt 纳米粒子分散均匀。图 5 – 5(d) 为 Pt 纳米粒子的 HTEM 图,通过测量可知 Pt 纳米粒子的晶面间距为 0.23 nm,对应于 Pt (111) 晶面。

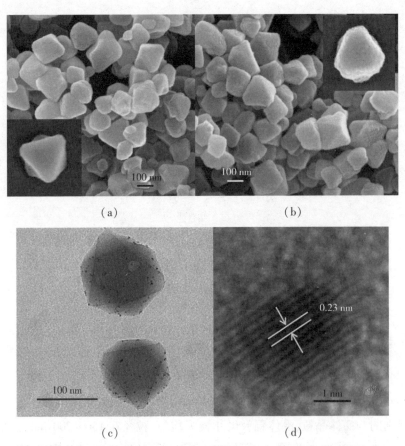

图 5 - 5　(a)MIL - 101(Cr)和(b)Pt@ MIL - 101(Cr)的 SEM 图;
(c)Pt@ MIL - 101(Cr)的 TEM 图和(d)Pt 纳米粒子的 HTEM 图

## 5.4　Pt@ MIL - 101(Cr)复合材料电化学传感黄嘌呤的研究

### 5.4.1　修饰电极的电化学阻抗

利用电化学阻抗研究了 MIL - 101(Cr)和 Pt@ MIL - 101(Cr)的电化学反应动力学及其电子传输能力,如图 5 - 6 所示。

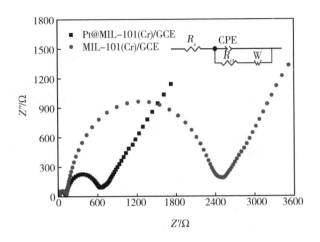

图 5 - 6  MIL - 101/GCE 和 Pt@ MIL - 101(Cr)/GCE 的电化学阻抗谱图

在 MIL - 101(Cr)和 Pt@ MIL - 101(Cr)的 Nyquist 阻抗谱图中,半圆直径表示电荷转移电阻,它控制着电极表面氧化还原反应的电子转移动力学。利用 Zview 软件,根据等效电路图(图 5 - 6 插图)和实验数据拟合,得到 MIL - 101(Cr)和 Pt@ MIL - 101(Cr)修饰电极的电荷转移电阻值分别为 2. 32 kΩ 和 0. 54 kΩ。

通过 Zview 软件拟合,MIL - 101(Cr)和 Pt@ MIL - 101(Cr)的 CPE 值分别为 2. 18 μF·s$^{-1}$ 和 6. 09 μF·s$^{-1}$,通过计算可得 MIL - 101(Cr)和 Pt@ MIL - 101(Cr)的电子传递速率常数分别为 98. 86 和 152. 04。上述结果表明,Pt 纳米粒子的引入大大提高了修饰电极的导电性。

## 5.4.2  修饰电极的电活性表面积

利用 CV 法测定了 MIL - 101(Cr)和 Pt@ MIL - 101(Cr)修饰电极在 5. 0 mmol·L$^{-1}$ [Fe(CN)$_6$]$^{3-/4-}$ 和 0. 1 mol·L$^{-1}$ KCl 混合溶液中,扫描速率(由内到外)为 50 mV·s$^{-1}$、60 mV·s$^{-1}$、70 mV·s$^{-1}$、80 mV·s$^{-1}$、90 mV·s$^{-1}$、100 mV·s$^{-1}$ 的循环伏安曲线,如图 5 - 7 所示。

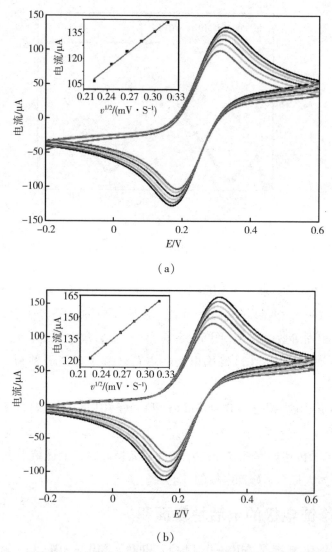

图 5 - 7　(a) MIL - 101 和 (b) Pt@ MIL - 101(Cr) 在不同扫速下的循环伏安图

从图 5 - 7 的插图可以看出阳极峰电流与扫描速率的平方根呈线性关系，其中 MIL - 101(Cr) 修饰电极的阳极峰电流与扫描速率的平方根的线性方程为：$I_{pa} = 19.98 + 361.55\ v^{1/2}$ ($R^2 = 0.994$)；Pt@ MIL - 101(Cr) 修饰电极的阳极峰电流与扫描速率的平方根的线性方程为：$I_{pa} = 22.57 + 438.04\ v^{1/2}$ ($R^2 = 0.999$)。根据 Randled - Sevcik 方程计算其电活性表面积：

$$I_{\mathrm{p}} = 2.69 \times 10^5 \, n^{3/2} A D^{1/2} v^{1/2} C \tag{5-1}$$

其中，$I_{\mathrm{p}}$ 是响应电流(A)，$n$ 是电子转移数($n=1$)，$A$ 是电活性表面积($\mathrm{cm}^2$)，$D$ 是扩散系数($\mathrm{cm}^2 \cdot \mathrm{s}^{-1}$)，$v$ 是扫描速率($\mathrm{V} \cdot \mathrm{s}^{-1}$)，$C$ 是氧化还原探针的体积浓度($\mathrm{mol} \cdot \mathrm{cm}^{-3}$)。由 $I_{\mathrm{pa}}$ 相对于 $v^{1/2}$ 的斜率关系计算可得：Pt@ MIL–101(Cr)的电活性表面积为 0.118 $\mathrm{cm}^2$，高于 MIL–101(Cr)的电活性表面积 0.097 $\mathrm{cm}^2$ 以及裸玻碳电极的电活性表面积 0.071 $\mathrm{cm}^2$。

## 5.4.3　修饰电极对黄嘌呤的氧化电流响应

采用 DPV 法检测 MIL–101(Cr)和 Pt@ MIL–101(Cr)修饰电极对黄嘌呤的氧化电流响应，如图 5–8 所示。

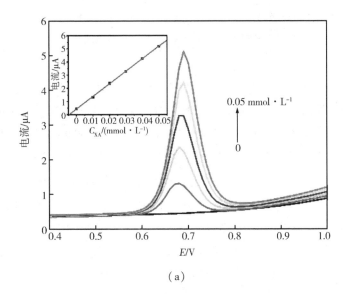

（a）

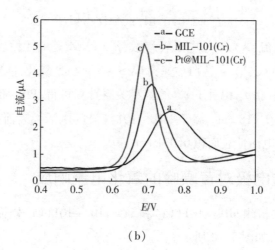

（b）

**图 5 - 8**　（a）Pt@ MIL - 101(Cr)修饰电极对不同浓度的黄嘌呤的电流响应；

（b）裸玻碳电极、MIL - 101(Cr)和 Pt@ MIL - 101(Cr)

修饰电极对 0.05 mmol · L$^{-1}$黄嘌呤的电流响应

图 5 - 8(a)显示了 Pt@ MIL - 101(Cr)修饰电极在 0.1 mol · L$^{-1}$ PB（pH = 7.0）的缓冲溶液中对不同浓度（0、0.01 mmol · L$^{-1}$、0.02 mmol · L$^{-1}$、0.03 mmol · L$^{-1}$、0.04 mmol · L$^{-1}$和 0.05 mmol · L$^{-1}$）的黄嘌呤的电流响应,从图 5 - 8(a)的插图可以看出,随着黄嘌呤浓度逐渐升高,电流呈现线性增长,表明 Pt@ MIL - 101(Cr)修饰电极可以用于电化学传感黄嘌呤。图 5 - 8(b)显示了不同电极包括裸玻碳电极、MIL - 101(Cr)和 Pt@ MIL - 101(Cr)修饰电极对 0.05 mmol · L$^{-1}$黄嘌呤的电流响应。与裸玻碳电极相比,MIL - 101(Cr)修饰电极的氧化峰电位明显降低,向负向移动 60 mV,且峰电流增加。

分析其原因可能是由以下几方面导致的:(1)MIL - 101(Cr)具有两种自由直径为 29 Å 和 34 Å 的介孔笼,有两个自由直径为 12 Å 和 16 Å 的微孔窗口,这种结构特征有利于黄嘌呤分子通过电解质/电极界面的迁移。(2)MIL - 101(Cr)具有许多不饱和的 Cr(Ⅲ)活性位点,它可以作为活性中心来提高电化学活性。(3)MIL - 101(Cr)具有大的比表面积,为黄嘌呤生物分子固定提供了更多的活性位点。

在均匀负载 Pt 纳米粒子后,复合材料 Pt@ MIL - 101(Cr)修饰电极对黄嘌呤的氧化峰电流较 MIL - 101(Cr)修饰电极提高 50%,氧化电位向负方向移动

20 mV,这是由两方面因素所产生的:一方面,MOF 材料的晶态多孔结构可以有效阻止 Pt 纳米粒子的聚集;均匀分散的 Pt 纳米粒子由于其尺寸小、具有较大的比表面积以及大量的边和角原子,从而大大提高了它们的活性。另一方面,Pt 纳米粒子具有高的导电性,能够加速电活性分析物与电极表面之间的电子传递,从而放大了电化学信号。

## 5.4.4　溶液 pH 值对黄嘌呤氧化电流和电位的影响

缓冲溶液的 pH 值对分析物的电流响应有显著影响。利用 DPV 法探究了 Pt@ MIL‒101(Cr)修饰电极在 pH 值为 6.0~8.0 的缓冲溶液中对黄嘌呤氧化峰电流和电位的影响,如图 5‒9 所示。

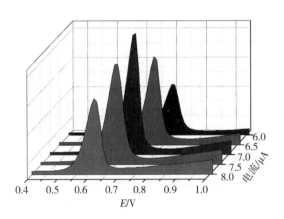

图 5‒9　在不同 pH 值溶液中,Pt@ MIL‒101(Cr)修饰电极对黄嘌呤的 DPV 曲线

随着 pH 值的增加,氧化峰电位逐渐负移,说明质子参与了反应。氧化峰电位随 pH 值的增加呈良好的线性关系。线性回归方程表示为:$E_{pa} = (1.136 \pm 0.016) - (0.064 \pm 0.002)pH$ ($R^2 = 0.995$)。回归方程中斜率为$(0.064 \pm 0.002)V \cdot pH^{-1}$,与理论值 $0.059\ V \cdot pH^{-1}$ 相近,表明质子和电子等数量参与了电化学反应。当缓冲溶液的 pH 值从 6.0 升高至 7.0 时,氧化峰电流增大,当缓冲溶液的 pH 值从 7.0 升高至 8.0 时,氧化峰电流又逐渐减小,在 pH = 7.0 时达到最大值。

　　分析上述情况产生的原因可能是由于质子参与电极反应,因此电解质的 pH 值影响黄嘌呤的电化学行为。黄嘌呤的 $pK_a$ 值为 7.4,当溶液的 pH 值低于 $pK_a$ 时,由于 H$^+$ 浓度过高,氧化峰电流减小;当 pH 值高于 $pK_a$ 时,黄嘌呤去质子化抑制电催化反应。因此,在 pH = 7.0 时峰电流达到最大值。在考虑响应电流最大的前提下,选择 pH = 7.0 作为实验的最佳条件。

## 5.4.5　选择性和线性范围

　　本章对在血清中与黄嘌呤共存的主要干扰物如 DA、AA、UA 和次黄嘌呤(HXA)进行了电化学测试,如图 5 – 10 所示。

　　经过电化学测试发现,Pt@ MIL – 101(Cr)修饰电极对 AA 无电流响应,说明 AA 对黄嘌呤的氧化无任何干扰。图 5 – 10(a)显示的是 Pt@ MIL – 101(Cr)修饰电极对同时加入不同浓度(10 μmol · L$^{-1}$、20 μmol · L$^{-1}$、30 μmol · L$^{-1}$、40 μmol · L$^{-1}$ 和 50 μmol · L$^{-1}$)的 DA、UA、XA 和 HXA 的电流响应,从图中可以观察到四个独立的氧化峰,它们分别归属于 DA、UA、XA 和 HXA 的氧化峰,氧化电位分别是 0.13 V、0.28 V、0.68 V 和 1.05 V,它们之间的峰电位差分别为 150 mV(DA – UA)、400 mV(UA – XA)和 370 mV(XA – HXA),电位差均大于 100 mV,表明复合材料 Pt@ MIL – 101(Cr)修饰的电极能够同时检测这四种分析物。

　　本章还考察了 DA、UA 和 HXA 这三种干扰物同时存在的情况下,Pt@ MIL – 101(Cr)修饰电极对黄嘌呤氧化的电流响应情况。如图 5 – 10(b)所示,在体系中已经存在 10 μmol · L$^{-1}$ DA、UA 和 HXA 的条件下,Pt@ MIL – 101(Cr)修饰的电极对黄嘌呤的氧化峰电流随黄嘌呤浓度均匀增长,表明即使在 DA、UA 和 HXA 同时存在的情况下也不会干扰对黄嘌呤的选择性检测。上述实验结果表明,Pt@ MIL – 101(Cr)修饰电极对于黄嘌呤的氧化具有很好的选择性和抗干扰性能。它既适用于同时检测 DA、UA、XA 和 HXA,也适用于在 DA、UA、HXA 干扰物存在的条件下选择性检测黄嘌呤。

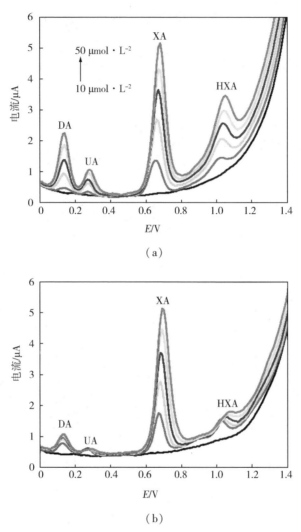

图 5 - 10　(a)Pt@ MIL - 101(Cr)修饰电极对同时加入的不同浓度的 DA、UA、
XA 和 HXA 的电流响应;(b)在 10 μmol · L$^{-1}$ DA、UA 和 HXA 存在的条件下,
Pt@ MIL - 101(Cr)修饰电极对连续加入 XA 的电流响应

　　此外,对于嘌呤类的干扰物如咖啡因、腺嘌呤核苷、鸟嘌呤核苷和 5 - 腺苷
酸也进行了电化学检测。如图 5 - 11 所示,Pt@ MIL - 101(Cr)修饰的电极对咖
啡因和 5 - 腺苷酸无响应,对鸟嘌呤核苷和腺嘌呤核苷有电流响应,响应电位分
别在 1.0 V 和 1.3 V,与黄嘌呤的响应电位 0.68 V 相比,无任何干扰作用。表

明 Pt@ MIL－101(Cr)修饰电极对嘌呤类的干扰物也有很好的抗干扰作用。

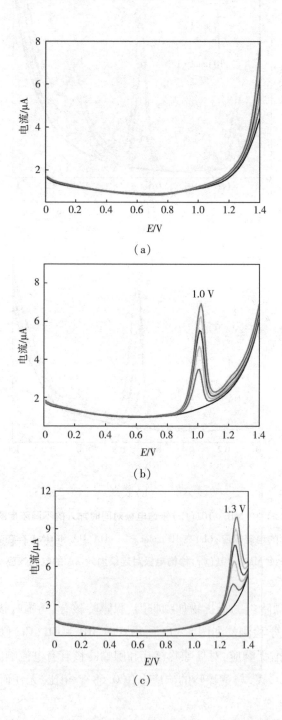

（a）

（b）

（c）

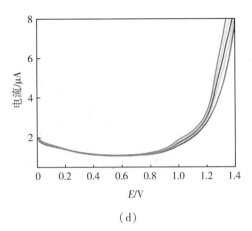

（d）

**图 5 − 11　抗干扰研究:Pt@ MIL −101(Cr)修饰电极对加入不同浓度的干扰物的电流响应**
　　　　（a）咖啡因;(b)鸟嘌呤核苷;(c)腺嘌呤核苷;(d)5 − 腺苷酸

　　为进一步探究传感器的传感性能,在 0.1 mol · L$^{-1}$ PB (pH = 7.0)的缓冲溶液中采用 DPV 法评价该传感器的线性范围、灵敏度和检测限,如图 5 − 12 所示。

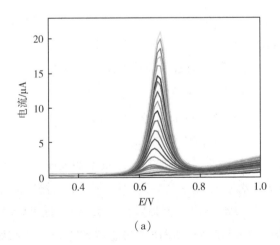

（a）

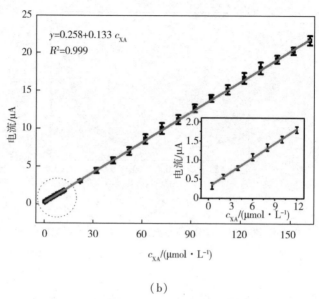

（b）

图 5 - 12　（a）Pt@ MIL - 101（Cr）修饰电极对不同浓度的黄嘌呤的电流响应；
（b）氧化峰电流与黄嘌呤浓度的线性关系图，插图为浓度在 0.5 ~ 12 μmol · L$^{-1}$ 之间，
氧化峰电流与黄嘌呤浓度线性关系的放大图

从图 5 - 12（a）中可以看出，在连续加入不同浓度的黄嘌呤后，随着黄嘌呤浓度的升高，氧化峰电流不断增大。如图 5 - 12（b）所示，在 0.68 V 电位下，氧化峰电流随黄嘌呤浓度的增加而线性增长。线性回归方程如下：$I_{pa} = (0.258 \pm 0.012) + (0.133 \pm 0.005) C_{XA}$（$R^2 = 0.999$），线性范围在 0.5 ~ 162 μmol · L$^{-1}$。根据灵敏度的计算公式计算可得，该传感器的灵敏度为 1.88 μA · μM$^{-1}$ · cm$^{-2}$。检测限为 0.42 μmol · L$^{-1}$。

为评估该传感器的性能，将其与其他已报道的无酶黄嘌呤传感器相比较。由表 5 - 1 可知，该传感器对黄嘌呤的检测电位低于已报道的无酶黄嘌呤传感器，其线性范围比 Pt - Pd/NGP 传感器宽两个数量级，比 PAP/RGO 传感器、Ru（DMSO）$_4$Cl$_2$ - Nf 传感器和 POM@ 3DGF 传感器各宽一个数量级，灵敏度较高。

表 5－1　本书制备的传感器与已报道的无酶黄嘌呤传感器的对比

| 传感器 | 电位/V | 线性范围/ ($\mu mol \cdot L^{-1}$) | 灵敏度/($\mu A \cdot$ L $\cdot \mu mol^{-1} \cdot cm^{-2}$) | 检测限/ ($\mu mol \cdot L^{-1}$) |
|---|---|---|---|---|
| Pt@ MIL－101(Cr) | 0.68 | 0.5 － 162 | 1.88 | 0.42 |
| PAP/RGO | 0.75 | 1 － 120 | — | 0.5 |
| $PMo_6W_6/RGO － CeO_2@ Pt$ | 0.83 | 0.125 － 573 | 1.06 | 0.013 |
| B － $CeO_2$ NC | 0.80 | 0.0542 － 13.1 | — | 3.02 nM |
| Pt － Pd/NGP | 0.90 | 10 － 120 | 0.35 | 3 |
| Zr － PorMOF/MPC － 2 | 0.7 | 0.035 － 5 | — | 0.056 |
| Ru(DMSO)$_4$Cl$_2$ － Nf | — | 1 － 800 | — | 2.35 |
| Co － $CeO_2$ NP | 0.73 | 0.1 － 1000 | — | 0.096 |
| 纳米 － B － $CeO_2$ | 0.82 | 0.07 － 2.02 | — | 2.36 nM |
| POM@ 3DGF | 1.05 | 0.7 － 20 | — | 8 nM |

## 5.4.6　重现性和稳定性

为评价该传感器的重现性,在相同条件下制备了 5 个 Pt@ MIL －101(Cr)修饰电极,并在相同条件下用 DPV 法进行了电化学测试。加入相同浓度的黄嘌呤,5 次测试得到的氧化峰电流的相对标准偏差为 2.06%($n$ = 5),研究结果表明 Pt@ MIL －101(Cr)修饰电极具有良好的重现性。将制备好的 Pt@ MIL －101(Cr)修饰电极在室温中保存,每隔 10 天测量其对于 50 $\mu mol \cdot L^{-1}$黄嘌呤的电流响应,该传感器在存放 10 天、20 天和 30 天后,对黄嘌呤的氧化电流分别保持初始响应电流的 94.72%、91.97% 和 87.08%,表明该传感器具有很好的稳定性。

## 5.4.7　实际样品的检测

为了进一步评价该传感器的应用潜力,对该传感器在人体血清真实样品中的实际应用进行检测。采集人体血清,用 0.1 $mol \cdot L^{-1}$(pH = 7.0)的缓冲溶液将血清稀释 20 倍。采用标准加入法对稀释后的人体血清样品进行分析。实验结果列于表 5－2。

表 5-2　在人体血清中检测黄嘌呤的回收试验

| 样品 | 添加量/($\mu mol \cdot L^{-1}$) | 检出量/($\mu mol \cdot L^{-1}$) | 回收率/% |
|------|------|------|------|
| 1 | 25 | 25.75 | 103.00 |
| 2 | 25 | 25.28 | 101.10 |
| 3 | 25 | 25.21 | 100.80 |

　　将样品中的浓度与实际添加的已知浓度进行比较,得到了回收率,从而验证了生物传感器的准确性和精密度。分析结果表明,该传感器在实际样品中对黄嘌呤检测的回收率在100.80%~103.00%之间。这表明所制备的传感器具有用于检测人体血清中的黄嘌呤的应用潜力。

## 5.5　本章小结

　　本章利用经典的 MIL-101(Cr)金属-有机纳米笼框架为主体,Pt 纳米粒子为客体,成功制备了 Pt@MIL-101(Cr)复合材料,利用 FT-IR、XRD、XPS、SEM 和 TEM 对其组成和形貌进行了表征,同时运用循环伏安法、电化学阻抗法和差分脉冲法等对复合材料进行了电化学性质和传感黄嘌呤性能的探究。研究结表明,该传感器对黄嘌呤检测的线性范围为 $0.5 \sim 162~\mu mol \cdot L^{-1}$,检测限为 $0.42~\mu mol \cdot L^{-1}$,灵敏度为 $1.88~\mu A \cdot L \cdot \mu mol^{-1} \cdot cm^{-2}$,且响应电位降低至 $0.68~V$,低于目前已报道的无酶黄嘌呤传感器。同时该传感器具有良好的选择性、重现性、稳定性以及在真实样品中应用的潜力。本研究为使用金属有机框架基复合材料电化学检测黄嘌呤提供了一种新的策略。

# 第6章 多酸基金属有机框架材料的制备及多酸阴离子对结构影响的研究

## 6.1 引言

多酸基金属有机框架晶态材料在催化、磁性和吸附等领域存在着潜在应用,现已成为多酸化学和材料化学研究的热点内容之一。多酸阴离子作为无机建筑单元,表面具有丰富的氧原子、高电荷密度和多种尺寸,在构建 POMOF 过程中受到科学家的青睐。由于多酸阴离子具有不同尺寸和电荷,用不同的多酸阴离子去构建 POMOF,可能得到截然不同的结构,使其具有差异的性质。因此,系统地探究不同的多酸在构建 POMOF 时对其结构的影响是很有意义的。然而,这一重要的因素很少被考虑,同时也很少被系统研究。李阳光课题组报道过不同的 Keggin 型多酸对最终形成的缠结结构的影响;胡长文课题组将 Keggin 型和 Dawson 型多酸同时引入相同的金属/配体的反应体系,探究多酸阴离子对化合物最终结构的影响。

正是因为多酸阴离子这一因素很少被系统研究,因此在这里有很大的研究空间,吸引我们对其进一步探讨和系统地研究。选用不同的多酸阴离子制备结构不同、性能各异的 POMOF,进一步挖掘其结构与性能的关系,为定向合成提供系统的实验数据。

本章选择两种具有不同尺寸的 $Mo_8$ 同多酸和 Keggin 型杂多酸作为无机建

筑单元,选用过渡金属 $Cu^{2+}$ 离子,利用两种具有不同官能团的有机胺配体（bimb 和 pzta）,通过水热合成技术,探究不同多酸阴离子对结构的影响,合成了 5 个 POMOF。

$$Cu^{II}(bimb)_{1.5}(H_2O)(Mo_8O_{26})_{0.5} \tag{1}$$

$$(Hbimb)_2[Cu^{I}(bimb)(PMo_{12}O_{40})] \cdot 4H_2O \tag{2}$$

$$[Cu_4^{I}(bimb)_4(SiMo_{12}O_{40})] \cdot 2H_2O \tag{3}$$

$$Cu_3^{II}Cu_4^{I}(pzta)_6(Mo_8O_{26}) \tag{4}$$

$$Cu_5^{II}(pzta)_6(H_2O)_6(SiMo_{12}O_{40}) \tag{5}$$

$$bimb = 1,4-bis(imidazol-1-yl)benzene$$

$$pzta = 5-(2-pyrazinyl)tetrazole$$

## 6.2  材料的制备

$Cu^{II}(bimb)_{1.5}(H_2O)(Mo_8O_{26})_{0.5}$ (1)。将 $(NH_4)_6Mo_7O_{24} \cdot 4H_2O$ (0.37 g, 0.3 mmol $\cdot$ L$^{-1}$)、$CuCl_2 \cdot 2H_2O$ (0.16 g,0.9 mmol $\cdot$ L$^{-1}$)、bimb (0.08 g, 0.38 mmol $\cdot$ L$^{-1}$)溶于 10 mL 蒸馏水中,在室温下搅拌 1 h,用 3 mol $\cdot$ L$^{-1}$ HCl 调节 pH = 3.3~3.8,将上述溶液装入聚四氟乙烯反应釜,在 160 ℃反应 4 天,得到蓝色菱形块状晶体。经水洗和干燥后,产率为 48%（按 Mo 计算）。元素分析,理论值(%):C 21.87,H 1.73,N 8.50,Cu 6.43,Mo 38.82。实验值(%):C 21.99,H 1.61,N 8.39,Cu 6.23,Mo 38.99。

$(Hbimb)_2[Cu^{I}(bimb)(PMo_{12}O_{40})] \cdot 4H_2O$ (2)。化合物 2 的合成方法与化合物 1 相似,只是 $(NH_4)_6Mo_7O_{24} \cdot 4H_2O$ 被 $H_3PMo_{12}O_{40}$ 替代,得到深棕色块状晶体,经水洗和干燥后,产率为 45%（按 Mo 计算）。元素分析,理论值(%):C 16.69,H 1.56,N 6.49,Cu 2.45,Mo 44.44。实验值(%):C 16.58,H 1.64,N 6.39,Cu 2.32,Mo 44.58。

$[Cu_4^{I}(bimb)_4(SiMo_{12}O_{40})] \cdot 2H_2O$ (3)。化合物 3 的合成方法也与化合物 1 相似,此化合物是将 $H_4SiMo_{12}O_{40}$ 替代了 $(NH_4)_6Mo_7O_{24} \cdot 4H_2O$,得到深棕色晶体,经水洗和干燥后,产率为 43%（按 Mo 计算）。元素分析,理论值(%):C 19.54,H 1.50,N 7.60,Cu 8.61,Mo 39.02。实验值(%):C 19.64,H 1.59,N 7.49,Cu 8.79,Mo 38.81。

$Cu_3^{II}Cu_4^{I}(pzta)_6(Mo_8O_{26})$（4）。将（$NH_4$）$_6Mo_7O_{24}\cdot4H_2O$（0.37 g，0.3 mmol·$L^{-1}$）、$CuCl_2\cdot2H_2O$（0.16 g，0.9 mmol·$L^{-1}$）、pzta（0.12 g，0.81 mmol·$L^{-1}$）溶于 10 mL 蒸馏水中，在室温下搅拌 1 h，用 3 mol·$L^{-1}$ HCl 调节 pH = 3.3～3.8，将上述溶液装入聚四氟乙烯反应釜，在 160 ℃反应 4 天，得到红棕色块状晶体。经水洗和干燥后，产率为 48%（按 Mo 计算）。元素分析，理论值（%）：C 14.35，H 0.72，N 20.08，Cu 17.71，Mo 30.57。实验值（%）：C 14.28，H 0.77，N 20.16，Cu 17.81，Mo 30.69。

$Cu_5^{II}(pzta)_6(H_2O)_4(SiMo_{12}O_{40})$（5）。化合物 5 的合成方法与化合物 4 相似，只是（$NH_4$）$_6Mo_7O_{24}\cdot4H_2O$ 被 $H_4SiMo_{12}O_{40}$ 替代，得到绿色块状晶体，过滤洗涤，并在室温下干燥，产率为 45%（按 Mo 计算）。理论值（%）：C 10.07，H 0.91，N 14.10，Cu 10.66，Mo 38.62。实验值（%）：C 10.13，H 0.96，N 14.03，Cu 10.57，Mo 38.73。

# 6.3　不同的多酸阴离子对 Cu-bimb 框架结构的影响

## 6.3.1　化合物 1～3 的结构

### 6.3.1.1　X 射线晶体学测定

晶体学数据用单晶衍射仪收集。采用 Mo-Kα（$\lambda=0.71037$ Å），在 293 K 下测试。晶体结构采用 SHELXTL 软件解析，并用最小二乘法 $F^2$ 精修。化合物 1～3 的晶体学数据信息见表 6-1。

表 6-1　化合物 1～3 的晶体学数据

| 化合物 | 1 | 2 | 3 |
|---|---|---|---|
| 分子式 | $C_{18}H_{17}CuMo_4N_6O_{14}$ | $C_{36}H_{40}CuMo_{12}N_{12}O_{44}P$ | $C_{48}H_{44}Cu_4Mo_{12}N_{16}O_{42}Si$ |
| 相对分子质量 | 988.67 | 2590.58 | 2950.53 |
| 晶系 | Monoclinic | Triclinic | Triclinic |

续表

| 化合物 | 1 | 2 | 3 |
|---|---|---|---|
| 空间群 | $P2_1/c$ | $P\bar{1}$ | $P\bar{1}$ |
| $a/\text{Å}$ | 10.6473(19) | 11.158(5) | 10.9784(9) |
| $b/\text{Å}$ | 19.752(4) | 12.946(5) | 14.0480(11) |
| $c/\text{Å}$ | 13.4070(16) | 13.292(5) | 14.5469(12) |
| $\alpha/(°)$ | 90 | 97.478(5) | 110.234(2) |
| $\beta/(°)$ | 113.396(10) | 112.381(5) | 107.408(1) |
| $\gamma/(°)$ | 90 | 104.018(5) | 102.658(1) |
| $V/\text{Å}^3$ | 2587.8(8) | 1668.8(12) | 1873.7(3) |
| $Z$ | 4 | 1 | 1 |
| $D_{calcd}/(\text{g}\cdot\text{cm}^{-3})$ | 2.533 | 2.574 | 2.611 |
| $T/\text{K}$ | 293(2) | 293(2) | 293(2) |
| Absorption coeff. $\mu/\text{mm}^{-1}$ | 2.777 | 2.618 | 3.164 |
| $\theta_{max},\theta_{min}/(°)$ | 25.07,1.95 | 25.24,1.67 | 25.14,1.64 |
| Independent reflections | 4599 [$R(\text{int})=$ 0.0835] | 6050 [$R(\text{int})=$ 0.0331] | 6693 [$R(\text{int})=$ 0.0302] |
| Goodness-of-fit on $F^2$ | 1.030 | 1.024 | 1.041 |
| $^aR_1/^bwR_2$ [$I\geqslant2\sigma(I)$] | 0.0553/0.0995 | 0.0716/0.1931 | 0.0534/0.0944 |
| Largest diff. Peak and hole e $\text{Å}^{-3}$ | 1.152,-0.799 | 2.450,-1.504 | 1.202,-0.965 |

$^aR_1=\sum\|F_o|-|F_c\|/\sum|F_o|$, $^bwR_2=\sum[w(F_o^2-F_c^2)^2]/\sum[w(F_o^2)^2]^{1/2}$。

## 6.3.1.2　化合物 1 的结构

X 射线晶体结构分析表明,化合物 1 的单胞是由 1 个晶体学独立的 Cu 离子、1.5 个 bimb 配体和 0.5 个 $[Mo_8O_{26}]^{4-}$(简称 $Mo_8$)形成的(图 6-1)。$Mo_8$ 是由结构紧凑的八边共享的 $[MoO_6]$ 正八面体和 2 个 $[Mo_4O_{13}]$ 亚单元堆叠而成的。Cu 离子是 5 配位的,采取三角双锥的几何构型。它与 3 个氮原子和 2 个氧原子配位。Cu—N 键键长范围是 1.957(10)~2.008(10) Å,Cu—O 键键长范围是 2.118(7)~2.138(8) Å。这些键长在合理的范围内。

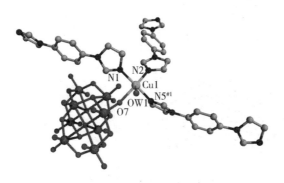

图 6-1　化合物 1 的单胞结构

　　化合物 1 的结构特征是一个具有 sql 拓扑的二重互穿框架结构。如图 6-2 所示,$Mo_8$ 阴离子作为双齿无机配体连接轨道形的 Cu – bimb 链形成一个波浪层。波浪层中存在两种接近矩形的孔洞。孔洞 A 由 4 个 Cu 离子和 4 个 bimb 配体组成,尺寸为 13.407 Å × 13.512 Å;孔洞 B 由 4 个 Cu 离子、2 个 bimb 配体和 2 个 $Mo_8$ 阴离子组成,尺寸为 13.407 Å × 12.214 Å。众所周知,为了增加结构的稳定性,大的结构孔洞通常容易被溶剂水分子或客体水分子占据。否则可能会发生互穿现象,就是一个独立框架的孔洞被另一个独立框架的孔洞占据。在化合物 1 中,单个波浪层的孔洞是足够大的,以至于相邻的波浪层彼此穿插在一起,形成二重互穿的 sql 拓扑网络(图 6-2)。最近,苏忠民课题组报道了一篇综述,对多酸基互穿框架结构做了详细的总结。根据综述总结和从晶体学数据库中查找,到目前为止,只有 5 例 2D→2D 的二重互穿结构被报道,这些结构都是由柔性的 btx 和 ttb 配体构成的。因此,化合物 1 代表着第一个由刚性 bimb 配体构建的多酸基二重互穿框架结构。进一步对化合物 1 的结构进行分析,发现在化合物 1 的结构中存在两种互穿片段(A 和 B)。片段 A 由两种不同的结构框架构成:Cu – bimb – $Mo_8$ 轨道链和 Cu – bimb 轨道链。然而,片段 B 由相同的结构框架构成:两个 Cu – bimb – $Mo_8$ 轨道链(图 6-3)。

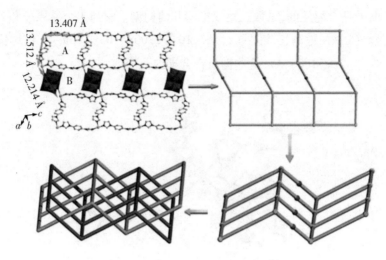

图 6-2  二重互穿层拓扑形成过程

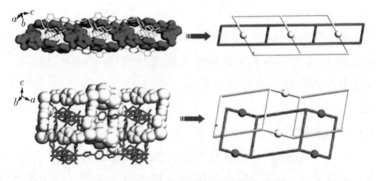

图 6-3  化合物 1 中的两种互穿片段

### 6.3.1.3  化合物 2 的结构

X 射线晶体结构分析表明,化合物 2 的单胞是由 1 个晶体学独立的 Cu 离子、1 个 bimb 配体、2 个游离质子化的 bimb 配体和 1 个 $PMo_{12}O_{40}^{3-}$ 多阴离子(简称 $PMo_{12}$)形成的(图 6-4)。$PMo_{12}$ 多阴离子展示了经典的 Keggin 型结构,由 4 个三聚的 $\{Mo_3O_{13}\}$ 簇包裹中心的 $PO_4$ 四面体构成。中心的 4 个氧原子是无序的,劈裂成的 8 个氧原子中每个氧原子都可以看成是半占据的,这种迹象通常显示在 Keggin 型结构中。如果 Cu···O 弱作用被考虑,Cu1 是 6 配位的扭曲八面体几何构型,由 2 个氮原子和 4 个氧原子配位而成。Cu—N 键键长为 1.867 Å,

Cu—O 键键长为 2.865 Å。

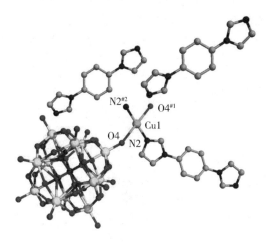

**图 6 - 4　化合物 2 的单胞结构**

在化合物 2 中,PMo$_{12}$ 多阴离子作为双齿无机配体连接 2 个相邻的 Cu - bimb 链,形成一个具有 14.903 Å × 13.292 Å 孔洞的二维层 sql 网络。进一步,相邻的二维层 sql 在氢键的作用下形成一个高度开放的三维超分子框架结构(图 6 -5)。

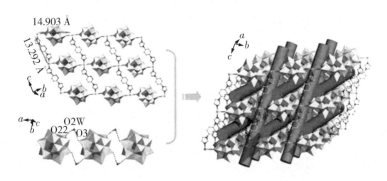

**图 6 - 5　高度开放的三维超分子框架形成过程**

### 6.3.1.4　化合物 3 的结构

X 射线晶体结构分析表明,化合物 3 的单胞结构包含 4 个 Cu 离子、4 个

bimb 配体、1 个[SiMo$_{12}$O$_{40}$]$^{4-}$多阴离子(简称 SiMo$_{12}$)(图 6–6)。SiMo$_{12}$多阴离子展示了经典的 Keggin 型结构。结构中有 2 个晶体学独立的 Cu 离子。Cu1 和 Cu2 采取 T 型的配位几何,与 2 个氮原子和 1 个氧原子配位。Cu—N 键键长范围是 1.864(12)~1.873(13) Å,Cu—O 键键长范围是 2.561(2)~2.729(3) Å。

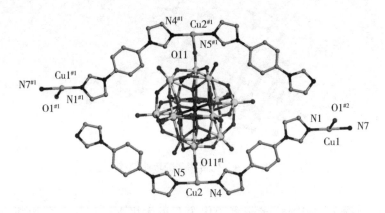

图 6–6　化合物 3 的单胞结构

　　化合物 3 有两个结构特征。第一个特征是存在一对左、右手螺旋链,螺距为 15.381 Å(图 6–7)。另一个结构特征是 2D+2D→3D 叉指结构,详细描述如下:SiMo$_{12}$多阴离子作为双齿无机配体连接 2 个相邻的 Cu–bimb 链,形成一个 POM–Cu–bimb 轨道链。进一步,相邻的 POM–Cu–bimb 轨道链通过共价键 Cu1—O1 相连接,形成一个二维层(图 6–7)。从拓扑角度分析,如果 Cu1 和 Cu2 被考虑作为 3 连接点,SiMo$_{12}$多阴离子作为 4 连接点,二维层的拓扑展示出 3,4L90 类型拓扑结构。从给定的方向看,这个二维层同时还是一个多悬臂层,bimb 配体作为悬臂悬挂在层的两侧。相邻层的孔洞被彼此的悬臂 bimb 配体占据形成 2D+2D→3D 叉指结构(图 6–8)。相邻层之间存在着复杂的氢键作用稳定结构。据我们所知,化合物 3 代表着一个罕见的例子,同时具有螺旋结构和叉指片段的多酸基金属有机框架结构。

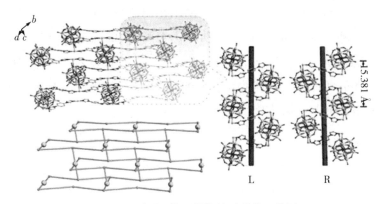

图 6-7　由左,右手螺旋链形成的二维层

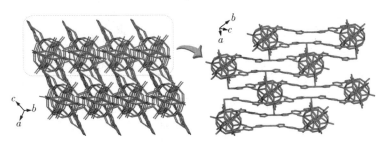

图 6-8　化合物 3 中 2D + 2D→3D 叉指结构

## 6.3.2　化合物 1~3 的表征

### 6.3.2.1　化合物 1~3 的价键计算

在化合物 1~3 中,通过价键计算,所有的 Mo 都是 + 6 价的。在化合物 1 中,所有的 Cu 都是 + 2 价的。通过价键计算、配位环境、晶体颜色和电荷平衡确定,在化合物 2 和 3 中,所有的 Cu 都是 + 1 价的。

### 6.3.2.2　化合物 1~3 的红外光谱

如图 6-9 所示,在化合物 1~3 的红外光谱中,化合物 1 的特征峰在 963 $cm^{-1}$、891 $cm^{-1}$、799 $cm^{-1}$ 和 688 $cm^{-1}$ 处归属于 $\nu(Mo = Ot)$、$\nu_{as}(Mo—Ob—Mo)$ 和 $\nu_{as}(Mo—Oc—Mo)$ 伸缩振动。化合物 2 的特征峰在 1046 $cm^{-1}$、

937 cm$^{-1}$、873 cm$^{-1}$和 780 cm$^{-1}$处归属于 $\nu$(P—O)、$\nu$(Mo=Ot)、$\nu_{as}$(Mo—Ob—Mo)和 $\nu_{as}$(Mo—Oc—Mo)伸缩振动。化合物 3 的特征峰在 1051 cm$^{-1}$、931 cm$^{-1}$、882 cm$^{-1}$和 774 cm$^{-1}$处归属于 $\nu$(Si—O)、$\nu$(Mo=Ot)、$\nu_{as}$(Mo—Ob—Mo)和 $\nu_{as}$(Mo—Oc—Mo)伸缩振动。此外,振动峰在 1638 ~ 1151 cm$^{-1}$的范围归属于有机配体 bimb 的振动峰。

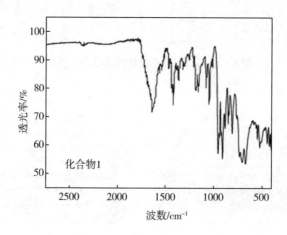

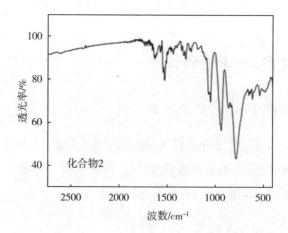

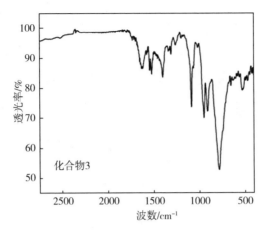

**图 6-9　化合物 1~3 的红外光谱**

### 6.3.2.3　化合物 1~3 的 X 射线粉末衍射表征

化合物 1~3 的 XRD 谱图如图 6-10 所示。从实验谱图与模拟谱图比较来看,XRD 谱图中化合物 1~3 的主要峰位和模拟峰位基本相一致,表明化合物 1~3 的纯度是比较好的。

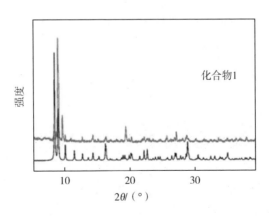

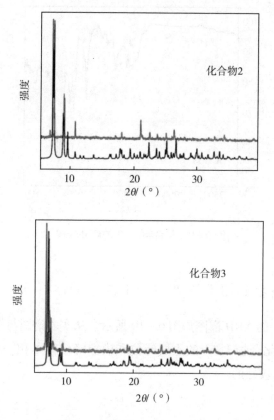

图6-10　化合物1~3的XRD谱图,模拟(下)和实验(上)

## 6.3.3　化合物1~3的性质研究

### 6.3.3.1　化合物1~3的荧光性质研究

具有荧光性质的功能材料由于具有潜在的应用得到了广泛关注。在目前的工作中,笔者对化合物1~3的荧光性质在室温下进行研究。为了更好理解荧光性质,笔者也调查了自由bimb配体的发射光谱。从图6-11中可以明显看出,自由bimb配体在442 nm显示出很强的发射峰,与之对应的激发峰是334 nm,这归因于配体间π-π作用的电荷转移。然而化合物1~3的发射峰分别为467 nm、517 nm和541 nm。与自由bimb配体的发射峰相比,化合物1~3

的发射峰发生明显的红移。化合物 1～3 体现出荧光性归因于金属离子与配体之间的电荷转移。因为化合物 1～3 在极性和非极性的溶液中是不溶的,这种材料可能会在固态荧光材料方面有潜在的应用。

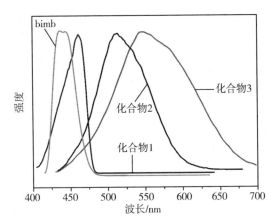

**图 6 - 11　配体 bimb 和化合物 1～3 在室温下的发射光谱**

### 6.3.3.2　化合物 1～3 的电化学性质

多酸具有经历可逆的多电子氧化还原反应的性质,这使得它在化学修饰电极和电催化研究方面极为引人关注。由于化合物 1～3 难溶于水和常用有机溶剂,因此制成碳糊电极(CPE)是研究该化合物电化学性质的最佳选择,而且还具有成本低、易于制备和操作等优点。

图 6 - 12 为 1～3 - CPE 在 1 mol·L$^{-1}$ H$_2$SO$_4$ 水溶液中不同扫速下的电化学行为。从图 6 - 12(a)中能够清楚看到,在扫速 50 mV·s$^{-1}$,电势范围在 -0.1～ +0.65 V 之间出现两对氧化还原峰,平均峰电位分别为 +0.38 V 和 +0.17 V,这两对氧化还原峰归属于 Mo$_8$ 的氧化还原过程。图 6 - 12(b)和图 6 - 12(c)分别为 2 - CPE 和 3 - CPE 在相同条件下的电化学行为,研究发现在此电势范围内均出现三对氧化还原峰,平均峰电位分别为 +0.39 V、+0.22 V、-0.032 V 和 +0.42 V、+0.25 V、-0.028 V,分别归属于 PMo$_{12}$ 和 SiMo$_{12}$ 的氧化还原过程。如图 6 - 13 所示,当扫速从 50 mV·s$^{-1}$ 增加到 150 mV·s$^{-1}$,1～3 - CPE 的阴极峰和阳极峰电流也随之增加,且与扫速呈线性关系。以上结果表

明,在上述的电势范围内,1~3 – CPE 的电化学行为均是表面控制的电化学过程。

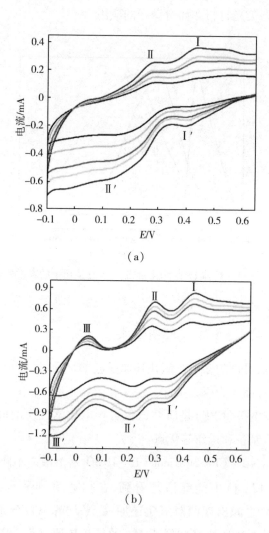

（a）

（b）

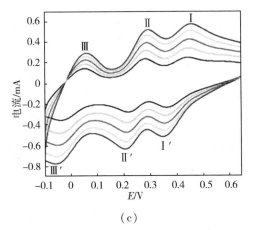

（c）

图 6 - 12　（a）1 - CPE、（b）2 - CPE、（c）3 - CPE 在不同扫速下的循环
伏安（从内到外:50 mV · s⁻¹、75 mV · s⁻¹、100 mV · s⁻¹、125 mV · s⁻¹、150 mV · s⁻¹）

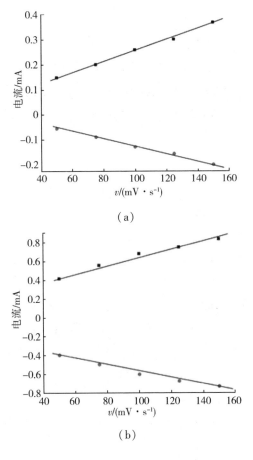

（a）

（b）

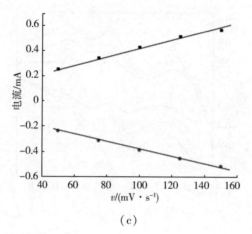

（c）

**图6-13**　（a）1-CPE、（b）2-CPE、（c）3-CPE 氧化还原峰电流与扫速的线性关系

### 6.3.3.3　化合物 1~3 的电催化性质

在上述电化学性质研究基础上,笔者进一步研究了 1 ~ 3 - CPE 在 1 mol · L$^{-1}$ H$_2$SO$_4$水溶液中对 IO$_3^-$的催化性能,结果表明,1 ~ 3 - CPE 对 IO$_3^-$均有电催化活性。从图6-14 中可以看出,随着 IO$_3^-$浓度的升高,所有的阴极峰电流逐渐增大,这表明 1 ~ 3 - CPE 对 IO$_3^-$都有电催化还原性质。

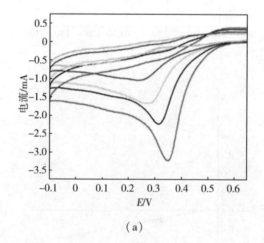

（a）

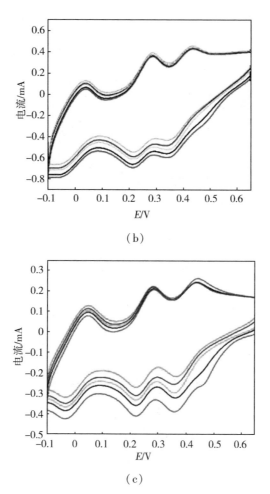

图 6 – 14　（a）1 – CPE、（b）2 – CPE、（c）3 – CPE 还原 IO$_3^-$ 的循环伏安

（IO$_3^-$ 的浓度由内到外分别为：0、5 mmol·L$^{-1}$、10 mmol·L$^{-1}$、15 mmol·L$^{-1}$、20 mmol·L$^{-1}$）

图 6 – 15 为阴极峰电流与 IO$_3^-$ 浓度的关系（按峰 I 计算）。从图中可以看出，随着 IO$_3^-$ 浓度的升高，相应的阴极峰电流也线性增大，表明该化合物修饰的电极对 IO$_3^-$ 具有稳定和有效的电催化活性。

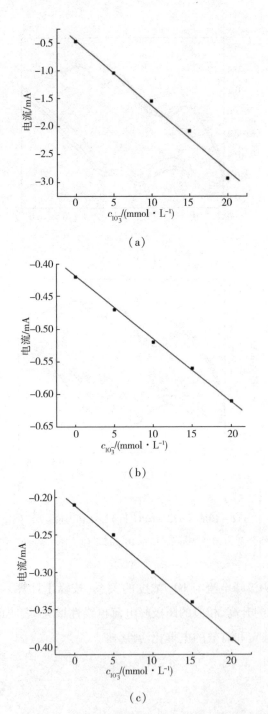

图 6-15 （a）1 - CPE、（b）2 - CPE、（c）3 - CPE 峰 I 的阴极峰电流与 IO$_3^-$ 浓度的线性关系

为了进一步对比 1~3 - CPE 对 $IO_3^-$ 电催化活性的高低,按催化效率公式进行计算: CAT = 100% × $[I_p(POM, substrate) - I_p(POM)]$,其中 $I_p(POM, substrate)$ 和 $I_p(POM)$ 分别表示溶液中存在及不存在 $IO_3^-$ 时的峰电流。如图 6 - 16 所示,1~3 - CPE 对加入 20 mmol·$L^{-1}$ $IO_3^-$ 的催化效率分别为 291%、43% 和 92%。由此可以看出,1 - CPE 对检测 $IO_3^-$ 有更好的应用潜力。此外,通过采用循环伏安法扫 40 个循环测试 1~3 - CPE 的稳定性,由图 6 - 17 可以看出,经过扫 40 个循环,峰电流信号基本没有损失,表明 1~3 - CPE 都有很高的稳定性。

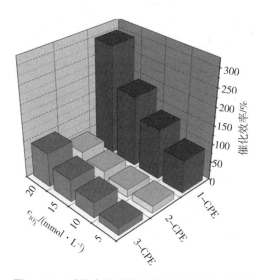

图 6 - 16　碳糊电极对碘酸根催化效率的对比图

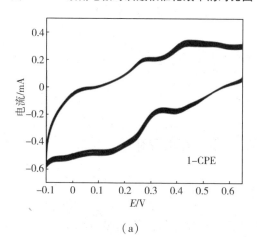

(a)

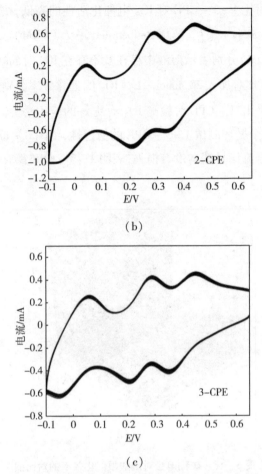

图6-17　1~3-CPE电极连续扫40个循环的循环伏安图,扫速50 mV·s$^{-1}$

## 6.4　不同的多酸阴离子对 Cu – pzta 框架结构的影响

### 6.4.1　化合物 4 和 5 的结构

#### 6.4.1.1　X 射线晶体学测定

晶体学数据用单晶衍射仪收集。采用 Mo – Kα（λ = 0.71037 Å），在 293 K

下测试。晶体结构采用 SHELXTL 软件解析,并用最小二乘法 $F^2$ 精修。化合物
4 和 5 的晶体学数据信息见表 6－2。

表 6－2 化合物 4 和 5 的晶体学数据表

| 化合物 | 4 | 5 |
|---|---|---|
| 分子式 | $C_{30}H_{18}Cu_7Mo_8N_{36}O_{26}$ | $C_{30}H_{30}Cu_5Mo_{12}N_{36}O_{46}Si$ |
| 相对分子质量 | 2511.18 | 3127.93 |
| 晶系 | Triclinic | Triclinic |
| 空间群 | $P\bar{1}$ | $P\bar{1}$ |
| $a/Å$ | 10.448(5) | 12.148(5) |
| $b/Å$ | 11.211(5) | 13.287(5) |
| $c/Å$ | 13.627(5) | 13.695(5) |
| $\alpha/(°)$ | 71.130(5) | 104.072(5) |
| $\beta/(°)$ | 84.557(5) | 111.795(5) |
| $\gamma/(°)$ | 85.451(5) | 105.850(5) |
| $V, Å^3$ | 1501.6(11) | 1821.7(12) |
| $Z$ | 4 | 1 |
| $D_{calcd}/(g \cdot cm^{-3})$ | 2.777 | 2.840 |
| $T/K$ | 293(2) | 293(2) |
| $\mu/mm^{-1}$ | 4.140 | 6.105 |
| $\theta_{max}, \theta_{min}/(°)$ | 28.27,1.58 | 28.20,1.73 |
| $F(000)$ | 1197.0 | 1481.0 |
| Independent reflections | 9521 $[R(int) = 0.0158]$ | 11352 $[R(int) = 0.0127]$ |
| Goodness－of－fit on $F^2$ | 1.019 | 1.114 |
| $R_1/wR_2[I \geqslant 2\sigma(I)]$ | 0.0319/0.0722 | 0.0859/0.2055 |
| Largest diff. Peak and hole e $Å^{-3}$ | 2.133, -0.535 | 2.000, -1.681 |

## 6.4.1.2 化合物 4 的结构

X 射线晶体结构分析表明,化合物 4 是由三维的 Cu－pzta MOF 框架和 6 连

接的 Mo$_8$ 无机建筑单元链构建而成的三维 POMOF 结构。化合物 4 的单胞中包含 1 个 Mo$_8$ 多阴离子、7 个铜离子和 6 个 pzta 配体(图 6 - 18)。

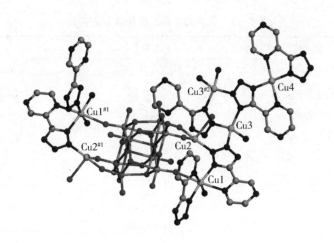

图 6 - 18　化合物 4 的单胞结构

化合物 4 的结构中存在着 4 个晶体学独立的 Cu 离子,它们展示了 3 种配位方式。Cu1 是 6 配位的,采取扭曲的八面体配位几何构型,它是由 1 个来自 Mo$_8$ 阴离子的氧原子和 5 个来自 pzta 配体的氮原子配位而成的。Cu2、Cu3 和 Cu4 是 4 配位的,Cu2 和 Cu3 采取"跷跷板"的几何构型,而 Cu4 采取平面四边形几何构型,它们的配位环境是完全不同的。Cu2 是与 3 个来自 Mo$_8$ 阴离子的氧原子和 1 个来自 pzta 配体的氮原子配位的。Cu3 是与来自 4 个 pzta 配体的 4 个氮原子配位的。Cu4 是由来自 2 个 pzta 配体的 4 个氮原子配位而成的。Cu—N 键的键长范围是 1.913(4)~2.337(4) Å,Cu—O 键的键长范围是 1.903(3)~2.410(3) Å,N—Cu—N 键键角的范围是 76.56(15)~180.00(2)°,N—Cu—O 键键角的范围是 80.543(13)~173.41(14)°。所有的这些键长键角都在合理的范围内。

化合物的结构中存在两种金属 - 有机亚单元:亚单元 A 是由 2 个 pzta 配体螯合地连接 1 个 Cu1 形成的 Cu(pzta)$_2$ 亚单元;亚单元 B 是由 Cu2 和 Cu3 交替连接 pzta 配体形成的一维无机 - 有机链亚单元(图 6 - 19)。进一步,这些相邻的亚单元 A 和亚单元 B 连接形成一个具有两种孔道(A 和 B)的三维金属 - 有机框架结构。由于孔道 B 具有稍大的尺寸,$Mo_8$ 阴离子以 6 连接方式,填充在三维框架中的孔道 B 中,形成具有微孔结构的多酸基金属有机框架结构。

从拓扑角度分析,如果把 Cu2 和 Cu4 看作 4 连接点,Cu1 和 Cu3 看作 5 连接点,$Mo_8$ 阴离子看作 6 连接点,化合物 4 展示了一个新颖的 $(4,4,5,5,6)$ 链接的 $(3^2 \cdot 4^1 \cdot 5^1 \cdot 6^2)(4^1 \cdot 6^2 \cdot 8^3)(3^2 \cdot 4^1 \cdot 6^3 \cdot 7^1 \cdot 8^3)(3^1 \cdot 4^1 \cdot 6^6 \cdot 7^1 \cdot 8^1)$ $(3^2 \cdot 4^2 \cdot 5^1 \cdot 6^7 \cdot 8^3)$ 拓扑结构(图 6 - 19)。据我们所知,化合物 4 代表着第一例由多齿有机配体 pzta 构建的微孔多酸基金属 - 有机框架结构。

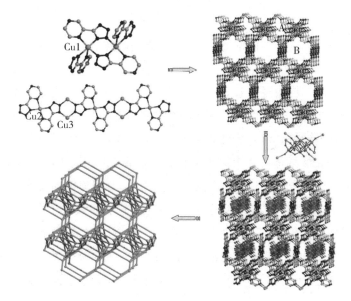

图 6 - 19　三维微孔多酸基金属有机框架结构

## 6.4.1.3　化合物 5 的结构

X 射线晶体结构分析表明,化合物 5 是由具有多核铜二维 MOF 层和 2 连接的 $SiMo_{12}$ 多阴离子作为支撑基元构建而成的三维 POMOF 结构。化合物 5 的晶胞中包含 1 个 $SiMo_{12}$ 多阴离子、5 个铜离子、6 个 pzta 配体和 4 个配位水分子(图 6 - 20)。

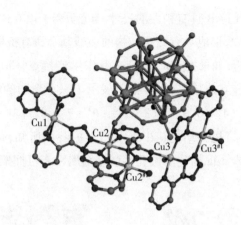

图 6 – 20　化合物 5 的单胞结构

　　化合物 5 的结构中存在着 3 个晶体学独立的 Cu 离子,它们展示了 2 种配位方式。Cu1 和 Cu2 是 6 配位的,采取扭曲的八面体配位几何构型,但是它们的配位环境是不同的。Cu1 是与来自 4 个 pzta 配体的 6 个氮原子配位,而 Cu2 是与来自 3 个 pzta 配体的 4 个氮原子和来自 SiMo$_{12}$ 多阴离子的 1 个氧原子和 1 个水分子的 1 个氧原子配位。Cu3 是 5 配位的,采取四角锥的几何构型,它是与来自 3 个 pzta 配体的 4 个氮原子和 1 个来自水分子的氧原子配位。Cu—N 键的键长范围是 1.978(11)~2.678(12) Å,Cu—O 键的键长范围是 2.027 (11)~2.385(11) Å,N—Cu—N 键键角的范围是 81.65(5)~180.00(5)°,N—Cu—O 键键角的范围是 81.9(4)~147.5(5)°。所有的这些键长键角都在合理的范围内。

　　化合物的结构中存在三种金属 – 有机亚单元:亚单元 A 是由 2 个 pzta 配体螯合地连接 1 个 Cu1 形成的 Cu(pzta)$_2$ 亚单元;亚单元 B 和 C 是由 2 个 pzta 配体螯合地连接 2 个 Cu2 或 Cu3 形成的 Cu$_2$(pzta)$_2$ 亚单元(图 6 – 21)。彼此相邻的亚单元 A、B 和 C 交替连接形成一个具有多核铜的二维层。进一步,这些相邻的多核铜的二维层与多双支撑的 SiMo$_{12}$ 多阴离子相连接形成一个以多酸为支撑的 POMOF 结构。

　　从拓扑角度分析,如果把 Cu1 和 SiMo$_{12}$ 多阴离子看作 2 连接点,Cu3 看作 3 连接点,Cu2 看作 5 连接点,化合物 5 展示了一个新颖的 (3,5) 连接的 $(3^1 \cdot 10^2)(3^2 \cdot 4^1 \cdot 10^5 \cdot 11^2)$ 拓扑结构(图 6 – 21)。

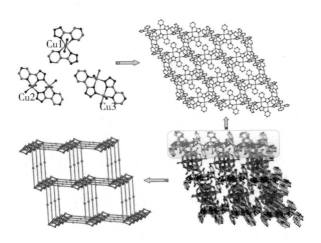

图 6 – 21　以多酸为支撑的三维多酸基金属有机框架结构

## 6.4.2　化合物 4 和 5 的表征

### 6.4.2.1　化合物 4 和 5 的价键计算

在化合物 4 和 5 中,通过价键计算,所有的 Mo 都是 +6 价的。通过价键计算、配位环境、晶体颜色和电荷平衡确定,在化合物 4 中,Cu1 是 +2 价的,Cu2、Cu3 和 Cu4 都是 +1 价的;在化合物 5 中,所有的 Cu 都是 +2 价的。

### 6.4.2.2　化合物 4 和 5 的红外光谱

如图 6 – 22 所示,在化合物 4 和 5 的红外光谱中,化合物 4 的特征峰在 972 $cm^{-1}$、896 $cm^{-1}$、791 $cm^{-1}$ 和 682 $cm^{-1}$ 处归属于 $\nu(Mo=Ot)$、$\nu_{as}(Mo—Ob—Mo)$ 和 $\nu_{as}(Mo—Oc—Mo)$ 伸缩振动。化合物 5 的特征峰在 1052 $cm^{-1}$、947 $cm^{-1}$、869 $cm^{-1}$ 和 745 $cm^{-1}$ 归属于 $\nu(Si—O)$、$\nu(Mo=Ot)$、$\nu_{as}(Mo—Ob—Mo)$ 和 $\nu_{as}(Mo—Oc—Mo)$ 伸缩振动。振动峰在 1638 ~ 1163 $cm^{-1}$ 的范围归属于有机配体 pzta 的振动峰。此外,振动峰在 3449 $cm^{-1}$ 和 3514 $cm^{-1}$ 归属于水分子的 O—H 振动峰。

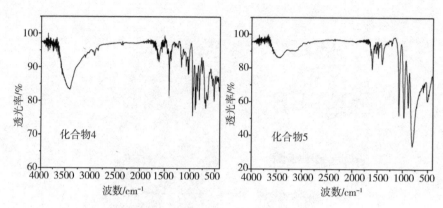

图 6 – 22　化合物 4 和 5 的红外光谱

### 6.4.2.3　化合物 4 和 5 的 X 射线粉末衍射表征

化合物 4 和 5 的 XRD 谱图如图 6 – 23 所示,从实验谱图与模拟谱图比较来看,XRD 谱图中化合物 4 和 5 的主要峰位和模拟峰位基本相一致,表明化合物 4 和 5 的纯度是比较好的。

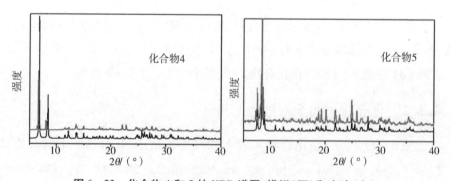

图 6 – 23　化合物 4 和 5 的 XRD 谱图,模拟(下)和实验(上)

## 6.4.3　化合物 4 和 5 的性质研究

### 6.4.3.1　化合物 4 和 5 的光催化性质

近些年来,多酸作为光催化剂降解有机染料类污染物,已经引起了人们的广泛关注。引入过渡金属化合物或是金属有机框架作为功能基团或功能框架到多酸体系能够有效提高其潜在应用。

　　为了探究化合物 4 和 5 作为催化剂的光催化活性,笔者在 UV 光照射下研究了罗丹明 B(RhB)有机染料的光解作用。将 80 mg 的化合物 4 和 5 粉末与 100 mL 浓度为 $1.0 \times 10^{-5}$ mol·L$^{-1}$($C_0$)RhB 溶液相混合,然后在 250 W 高压汞灯下边照射边搅拌。在时间间隔 0 min、30 min、60 min、90 min、120 min 和 150 min 时,取出 3 mL 溶液离心,取上层澄清液用紫外分光光度计进行分析。

　　如图 6-24 所示,随着照射时间延长,溶液的吸光度明显降低。如图 6-25 所示,在降解 150 min 后,化合物 4 的光催化降解率为 76.5%,化合物 5 的光催化降解率为 42.9%。很明显,化合物 4 作为光催化剂与化合物 5 相比,光催化效率更高,并且速率更快。针对这种现象进行如下分析:化合物 4 的催化效率比化合物 5 的高,可能是因为化合物 4 中未被多酸填充的孔道增大了材料的比表面积,在反应过程中有利于更好地与 RhB 分子结合,从而提高了材料的光催化活性。因此,与化合物 5 相比,化合物 4 可以作为一种潜在的光催化材料去降解有机染料。化合物的光催化原理可以用电子 – 空穴理论解释,当化合物受到足够大能量的光照射时,价带上的电子受激发跃迁到导带,这样在价带上留有空穴。由于光生空穴具有氧化性,可以将染料分子氧化,从而达到降解的目的。

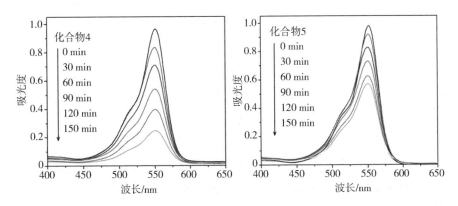

图 6-24　包含化合物 4 和 5 的 RhB 溶液在光降解过程中的紫外吸收光谱

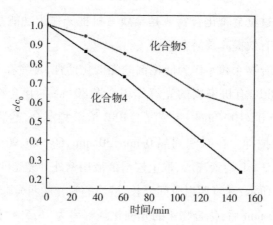

图 6-25  包含化合物 4 和 5 的 RhB 溶液在紫外灯照射下的光催化降解率

## 6.5  本章小结

本章探究了不同的多酸阴离子对 POMOF 结构的影响。为了使研究更具有系统性,将尺寸和形状完全不同的多酸(Mo₈ 和 Keggin 型)分别引入两种金属有机配体体系。

首先,将 $Mo_8$、$PMo_{12}$ 和 $SiMo_{12}$ 多酸阴离子引入相同的 Cu - 线性有机配体 bimb 反应体系中,分别得到了 3 种不同的 POMOF 结构。化合物 1 展示了2D→2D 的二重互穿结构,当用尺寸大的 $PMo_{12}$ 和 $SiMo_{12}$ 替换 $Mo_8$,分别得到了化合物 2 和 3。化合物 2 是相邻的二维格子层之间通过氢键作用形成的三维超分子框架结构,化合物 3 展示了 2D + 2D → 3D 叉指结构。结果表明,由于受到空间位阻影响,小尺寸的多酸在 Cu - 线性有机配体 bimb 反应体系中更倾向于形成互穿结构,用大尺寸的多酸可以有效阻止互穿现象发生。

将 $Mo_8$ 和 $SiMo_{12}$ 多酸阴离子分别引入相同的 Cu - 多齿有机配体 pzta 反应体系,得到了 2 个截然不同的三维 POMOF 结构。化合物 4 是一种三维 MOF 骨架包裹多酸的 POMOF 结构,而化合物 5 是一种以多酸为支撑单元的三维 PO-MOF 结构。结果表明,小尺寸的多酸具有较小的位阻,更倾向于被三维 MOF 骨架包裹去形成 POMOF 结构,而大尺寸的多酸倾向于形成以多酸为支撑单元的 POMOF 结构。

# 第7章 次级配体对多酸基金属有机框架结构的影响

## 7.1 引言

众所周知,有机配体在构建新颖的金属有机框架材料中扮演着重要的角色。然而,大多数 MOF 都是由单一的有机配体构建而成的。与单一的有机配体相比,由两种有机配体混合而成的混合配体体系可以提供更多的可能性去构建更多的结构。运用混合配体体系合成的一个优点是,它能够被控制去理解逐步构建化合物的结构:第一步,引入主配体去形成初步的框架;第二步,直接引入次级配体去控制合成不同维度的框架结构。然而,在构建 POMOF 材料时,运用混合配体体系却很少被研究。因此,运用混合配体体系去构建 POMOF,并研究次级配体对结构的影响是很有意义的挑战。

为了深入系统地研究次级配体对 POMOF 结构的影响,制备结构不同、性能各异的 POMOF 材料,进一步挖掘其结构与性能的关系,为理解定向合成提供系统的指导。本章选用 bipy = 4,4′ – bipy,bimb = 1,3 – bis(1 – imidazzoly)benzene 作为次级有机配体,选用 pzta = 5 – (2 – pyrazinyl)tetrazole 作为主配体,探讨次级配体对 POMOF 结构的影响。采用水热合成技术,合成出 6 个 POMOF。

$$\text{Cu}_5(\text{pzta})_6(\text{H}_2\text{O})_2[\text{Mo}_8\text{O}_{26}] \tag{6}$$

$$\text{Cu}_5(\text{pzta})_6(\text{H}_2\text{O})_8[\text{PW}_{12}\text{O}_{40}] \cdot (\text{OH}) \tag{7}$$

$$\text{Cu}_4(\text{pzta})_2(\text{bipy})(\text{H}_2\text{O})_4(\text{OH})_2[\text{Mo}_8\text{O}_{26}] \cdot 2\text{H}_2\text{O} \tag{8}$$

$$[Cu_2(pzta)_2(bipy)_2(H_2O)_2][HPW_{12}O_{40}] \cdot 8H_2O \qquad (9)$$
$$[Co(H_2O)_2(V_2O_6)] \qquad (10)$$
$$[Co(bimb)(V_2O_6)] \qquad (11)$$

## 7.2  材料的制备

$Cu_5(pzta)_6(H_2O)_2[Mo_8O_{26}]$ (6)。将 $(NH_4)_6Mo_7O_{24} \cdot 4H_2O$ (0.37 g, 0.3 mmol·L$^{-1}$)、$CuCl_2 \cdot 2H_2O$ (0.16 g, 0.9 mmol·L$^{-1}$)、pzta (0.12 g, 0.81 mmol·L$^{-1}$)溶于 15 mL 蒸馏水中,在室温下搅拌 1 h,将上述溶液装入聚四氟乙烯反应釜,在 160 ℃反应 4 天,得到蓝色块状晶体。经水洗和干燥后,产率为 43%(按 Mo 计算)。元素分析,理论值(%):H 0.92,C 14.89,N 20.84,Cu 13.13,Mo 31.72。实验值(%):H 0.97,C 14.82,N 20.89,Cu 12.99,Mo 31.81。

$Cu_5(pzta)_6(H_2O)_8[PW_{12}O_{40}] \cdot (OH)$ (7)。与化合物 6 的合成方法相似,将 $(NH_4)_6Mo_7O_{24} \cdot 4H_2O$ 替换为 $H_3PW_{12}O_{40}$,得到深绿色块状晶体,产率为 49%(按 W 计算)。元素分析,理论值(%):H 0.74,C 8.57,N 12.00,P 0.74,Cu 7.56,W 52.49。实验值(%):H 0.81,C 8.62,N 11.94,P 0.79,Cu 7.47,W 52.41。

$Cu_4(pzta)_2(bipy)(H_2O)_4(OH)_2[Mo_8O_{26}] \cdot 2H_2O$ (8)。将 4,4′-bipy (0.08 g, 0.42 mmol·L$^{-1}$)引入化合物 6 的反应体系,得到蓝色块状晶体。经水洗和干燥后,产率为 43%(按 Mo 计算)。元素分析,理论值(%):H 1.39,C 11.83,N 9.66,Cu 12.52,Mo 37.80。实验值(%):H 1.34,C 11.78,N 9.72,Cu 12.45,Mo 37.89。

$[Cu_2(pzta)_2(bipy)_2(H_2O)_2][HPW_{12}O_{40}] \cdot 8H_2O$ (9)。与化合物 8 的合成方法相似,将 $(NH_4)_6Mo_7O_{24} \cdot 4H_2O$ 替换为 $H_3PW_{12}O_{40}$,得到深绿色块状晶体,产率为 47%(按 W 计算)。元素分析,理论值(%):H 1.12,C 9.50,N 5.91,P 0.82,Cu 3.35,W 58.20。实验值(%):H 1.06,C 9.57,N 5.85,P 0.88,Cu 3.28,W 58.27。

$[Co(H_2O)_2V_2O_6]$ (10)。将 $NH_4VO_3$ (187 mg, 1.6 mmol·L$^{-1}$)、$Co(CH_3COO)_2 \cdot 4H_2O$ (149 mg, 0.8 mmol·L$^{-1}$)、三乙胺(0.1 mL)溶于 10 mL 蒸馏水

中,室温下搅拌 1 h,溶液 pH 值用 1mol·L⁻¹ HCl 溶液调到 5。将上述溶液装入聚四氟乙烯反应釜,在 160 ℃反应 4 天,得到红色块状晶体。经水洗和干燥后,产率为 42% ( 按 Co 计算)。元素分析,理论值(%): Co 20.13,H 1.38,V 34.80。实验值(%): Co 20.44,H 1.41,V 34.58。

[Co(bimb)V₂O₆] (11)。化合物 11 的合成方法与化合物 10 相似,其他条件不变,只是将 bimb 配体(72 mg,0.8 mmol·L⁻¹)引入化合物 10 的反应体系,得到暗红色晶体,产率为 35%(按 Co 计算)。元素分析,理论值(%): C 30.84,H 2.16,N 12.00,V 21.82,Co 12.62。实验值(%): C 30.63,H 2.07,N 12.14,V 21.43,Co 12.84。

## 7.3　次级配体 bipy 对多酸基金属有机框架结构的影响

### 7.3.1　化合物 6~9 的结构

#### 7.3.1.1　X 射线晶体学测定

晶体学数据用单晶衍射仪收集。采用 Mo - Kα ( λ = 0.71037 Å),在 293 K 下测试。晶体结构采用 SHELXTL 软件解析,并用最小二乘法 $F^2$ 精修。化合物 6~9 的晶体学数据信息见表 7 - 1 和表 7 - 2。

表 7 - 1　化合物 6 和 7 的晶体学数据

| 化合物 | 6 | 7 |
|---|---|---|
| 分子式 | C₃₀H₂₂Cu₅Mo₈N₃₆O₂₈ | C₃₀H₃₁Cu₅N₃₆O₄₇PW₁₂ |
| 相对分子质量 | 2420.08 | 4221.61 |
| $T$/K | 293(2) | 293(2) |
| 晶系 | Triclinic | Monoclinic |
| 空间群 | $P\bar{1}$ | $C2/c$ |
| $a$/Å | 11.0152(5) | 16.437(4) |
| $b$/Å | 11.7744(5) | 21.933(6) |

续表

| 化合物 | 6 | 7 |
|---|---|---|
| $c/Å$ | 12.4173(6) | 21.811(6) |
| $\alpha/(°)$ | 70.921(1) | 90 |
| $\beta/(°)$ | 86.690(1) | 100.372(3) |
| $\gamma/(°)$ | 89.694(1) | 90 |
| $V/Å^3$ | 1519.33(12) | 7735.(4) |
| $Z$ | 1 | 4 |
| $D_c/(g \cdot cm^{-3})$ | 2.641 | 3.625 |
| $\mu/mm^{-1}$ | 3.414 | 19.246 |
| Refl. Measured | 10394 | 30966 |
| Refl. Unique | 5503 | 9676 |
| $R_{int}$ | 0.0128 | 0.0873 |
| $F(000)$ | 1155.0 | 7560.0 |
| $R_1, wR_2$ | $R_1^a = 0.0198$ | $R_1^a = 0.0857$ |
| $[I > 2\sigma(I)]$ | $wR_2^b = 0.0538$ | $wR_2^b = 0.2419$ |
| GOF on $F^2$ | 1.018 | 1.047 |

表 7-2 化合物 8 和 9 的晶体学数据

| 化合物 | 8 | 9 |
|---|---|---|
| 分子式 | $C_{20}H_{28}Cu_4Mo_8N_{14}O_{34}$ | $C_{30}H_{43}Cu_2N_{16}O_{50}PW_{12}$ |
| 相对分子质量 | 2030.18 | 3791.79 |
| $T/K$ | 293(2) | 293(2) |
| 晶系 | Triclinic | Triclinic |
| 空间群 | $P\bar{1}$ | $P\bar{1}$ |
| $a/Å$ | 10.7704(5) | 12.191(5) |
| $b/Å$ | 11.2485(5) | 13.180(5) |
| $c/Å$ | 12.3945(5) | 13.506(5) |
| $\alpha/(°)$ | 63.892(5) | 92.714(5) |
| $\beta/(°)$ | 66.121(4) | 109.859(5) |

续表

| 化合物 | 8 | 9 |
|---|---|---|
| $\gamma/°$ | 73.689(7) | 110.756(5) |
| $V/Å^3$ | 1223.26(9) | 1873.6(1) |
| $Z$ | 1 | 1 |
| $D_c/(g \cdot cm^{-3})$ | 2.737 | 3.342 |
| $\mu/mm^{-1}$ | 3.788 | 19.015 |
| Refl. Measured | 9923 | 9411 |
| Refl. Unique | 6067 | 6592 |
| $R_{int}$ | 0.0139 | 0.0302 |
| $F(000)$ | 956.0 | 1675.0 |
| $R_1, wR_2$ | $R_1^a = 0.0268$ | $R_1^a = 0.0715$ |
| $[I > 2\sigma(I)]$ | $wR_2^b = 0.0692$ | $wR_2^b = 0.2044$ |
| GOF on $F^2$ | 1.031 | 1.081 |

### 7.3.1.2　化合物 6 的结构

X 射线晶体结构分析表明,化合物 6 的单胞中包含 1 个 $Mo_8$ 多阴离子、5 个铜离子、6 个 pzta 配体和 2 个配位水分子(图 7 − 1)。

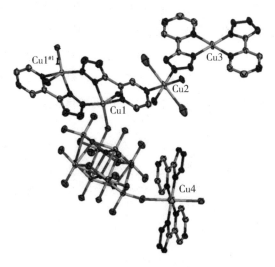

图 7 − 1　化合物 6 的单胞结构图

化合物 6 的结构中存在着 4 个晶体学独立的 Cu 离子,它们展示了 3 种配位方式。Cu1 是 5 配位的,采取四角锥型配位几何构型($\tau = 0.237$),它是由 1 个来自 $Mo_8$ 阴离子的氧原子和 4 个来自 pzta 配体的氮原子配位而成的。Cu2 和 Cu4 是 6 配位的,采取扭曲的八面体几何构型,但是它们的配位环境完全不同。Cu2 是与 2 个来自水分子中的 2 个氧原子和 4 个来自 pzta 配体的氮原子配位的。Cu4 是与 2 个来自 $Mo_8$ 阴离子的氧原子和 4 个来自 pzta 配体的氮原子配位的。Cu3 是 4 配位的,采取平面四边形几何构型,它是由 4 个来自 pzta 配体的氮原子配位而成的。Cu—N 键键长范围是 $1.943(3) \sim 2.196(3)$ Å,Cu—O 键键长范围是 $2.014(2) \sim 2.373(2)$ Å,N—Cu—N 键键角的范围是 $80.62(11) \sim 180.00(1)°$,N—Cu—O 键键角范围是 $80.14(9)—99.86(9)°$。

化合物中存在三种金属–有机亚单元:亚单元 A 是由 2 个 pzta 配体螯合地连接 2 个 Cu1 形成的 $Cu_2(pzta)_2$ 亚单元;亚单元 B 和 C 是由 2 个 pzta 配体螯合地连接 1 个 Cu3 或 Cu4 形成的 $Cu(pzta)_2$ 亚单元。彼此相邻的亚单元 A 由 Cu2 连接形成无限的无机–有机链,进一步,这些相邻的链由亚单元 B 连接形成一个具有 $16.17 \times 11.77$ $Å^2$ 尺寸的二维层(图 7-2)。$Mo_8$ 阴离子与亚单元 C 相连接形成一个 $[(Mo_8O_{26})Cu(pzta)_2]_n$ 多酸基金属有机链。最终,这个一维链插入二维层的矩形孔道中,形成复杂的具有自穿结构的多酸基金属有机框架结构(图 7-3)。

从拓扑角度分析,如果把每个亚单元 B 或 C 作为 2 连接点,Cu1 作为 3 连接点,Cu2 和 $Mo_8$ 阴离子作为 4 连接点,化合物 6 展示了一个新颖的 $(3,4,4)$ 链接的 $(10^2 \cdot 12^1)(9^3 \cdot 10^2 \cdot 14^1)(9^2 \cdot 10^2 \cdot 11^1 \cdot 14^1)_2$ 拓扑结构。一系列具有自穿结构的金属有机框架已经被报道。具有自穿结构的多酸基金属有机框架却很少被报道。化合物 6 是第一例由多齿有机配体构建的三维自穿多酸基–金属有机框架结构。

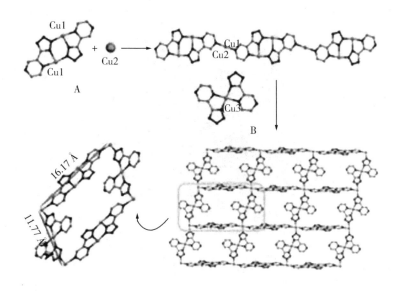

图 7 - 2　亚单元 A 和亚单元 B 作用形成二维层

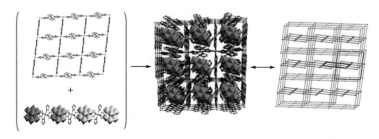

图 7 - 3　独特的三维自穿(3,4,4)连接的框架形成过程

### 7.3.1.3　化合物 7 的结构

X 射线晶体结构分析表明,化合物 7 的单胞中包含 1 个 $PW_{12}$ 多阴离子、5 个铜离子、6 个 pzta 配体、6 个配位水分子和 1 和氢氧根基团(图 7 - 4)。

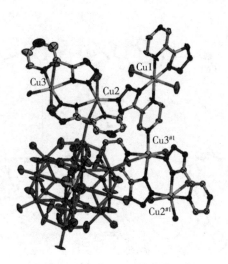

图7-4 化合物7的单胞结构图

化合物7中包含3个晶体学独立的Cu离子,显示出6配位的扭曲八面体几何构型。但是它们的配位环境是完全不同的,Cu1与2个来自2个水分子的氧原子和4个来自pzta配体的氮原子配位。Cu2和Cu3与2个来自水分子和$PW_{12}$多阴离子的氧原子和4个来自pzta配体的氮原子配位。Cu—N键键长范围是1.951(18)~2.077(19) Å,Cu—O键键长范围是2.33(2)~2.38(2),N—Cu—N键键角的范围是79.9 (8)~180.0(7)°,N—Cu—O键键角范围是85.3(7)~108.2(9)°。

化合物中存在两种金属-有机亚单元:亚单元A是由2个pzta配体螯合地连接1个Cu1形成的$Cu(pzta)_2$亚单元;亚单元B是由2个pzta配体螯合地连接1个Cu2和Cu3形成的$Cu_2(pzta)_2$亚单元。亚单元A和B交替连接形成一个具有正方形格子尺寸为15.47 Å×15.47 Å二维层(图7-5)。$PW_{12}$多阴离子作为模板剂通过共价键填充在二维层的正方形格子中(图7-5)。

从拓扑角度分析,如果每一个Cu2或Cu3被考虑作为3连接点,亚单元A和$PW_{12}$多阴离子作为4连接点,化合物7的结构是一个新颖的(3,3,4,4)连接的$(4^1 \cdot 6^2)_2 (4^2 \cdot 6^2 \cdot 8^2)_2$拓扑结构(图7-5)。

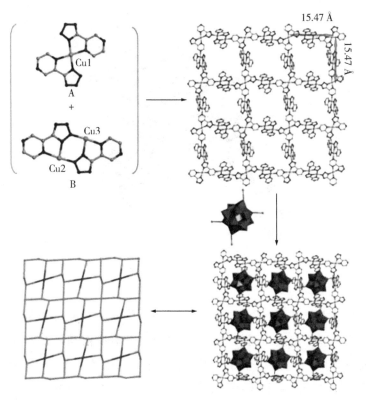

图 7 - 5　化合物 7 中的亚单元 A 和 B,二维层和拓扑结构

## 7.3.1.4　化合物 8 的结构

X 射线晶体结构分析表明,化合物 8 的结构是一个二维格子层结构,它是由 $Mo_8$ 阴离子和四核铜单元的一维链构建而成的。化合物 8 的单胞中包含 1 个 $Mo_8$ 阴离子、4 个 Cu 离子、2 个 pzta 配体、1 个 bipy 配体、2 个氢氧根、4 个配位水和 2 个游离水(图 7 -6)。

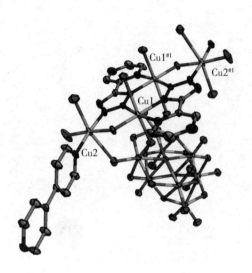

图 7 - 6　化合物 8 的单胞结构图

　　化合物 8 中包含 2 个晶体学独立的 Cu 离子,显示出 6 配位的模式。但是它们的配位环境是完全不同的。Cu1 与来自 1 个氢氧根基团、2 个 $Mo_8$ 阴离子的 3 个氧原子和 3 个氮原子配位。Cu2 与来自 2 个配位水分子、1 个氢氧根基团、1 个 $Mo_8$ 阴离子的 4 个氧原子和来自 1 个 pzta 配体、1 个 bipy 配体的 2 个氮原子配位。Cu—N 键键长范围是 1.965(6)~2.061(6) Å,Cu—O 键键长范围是 1.873(5)~2.392(5) Å,N—Cu—N 键键角的范围是 79.8(2)~172.9(2)°,N—Cu—O 键键角范围是 83.6(2)~99.1(2)°。

　　两种 Cu 离子连接 2 个 pzta 配体形成一个四核铜单元,这些相邻的四核铜单元由 bipy 配体连接形成一维链(图 7 -7)。进一步,相邻的链由 6 配位的 $Mo_8$ 阴离子连接形成具有 18.51 Å×12.87 Å 尺寸格子的二维层(图 7 -7)。众所周知,为了增加结构的稳定性,大的结构孔洞通常容易被溶剂水分子或客体水分子占据,否则互穿现象可能会发生,就是一个独立框架的孔洞被另一个独立框架的孔洞占据。在化合物 8 的结构中,相邻层的孔洞被彼此突出的 pzta 有机配体占据形成 2D + 2D → 3D 叉指结构(图 7 -8)。为了稳定结构,相邻层之间存在着复杂的氢键作用。据我们所知,到目前为止,只有两个基于多酸的叉指结构被报道,而这两个叉指结构分别由钒多酸和 Keggin 型多酸簇构建而成。因此化合物 8 代表着第一个由 $Mo_8$ 阴离子和四核铜自组装而成的例子。

从拓扑角度分析，Cu2 被考虑作为 3 连接点，Cu1 作为 4 连接点，$Mo_8$ 阴离子作为 6 连接点，化合物 3 是一个 $(3,4,6)$ 连接的具有 $(3^1 \cdot 8^2)(3^3 \cdot 4^2 \cdot 6^1)$ $(3^4 \cdot 4^2 \cdot 8^2 \cdot 9^4 \cdot 10^3)$ 拓扑结构(图 7 – 7)。

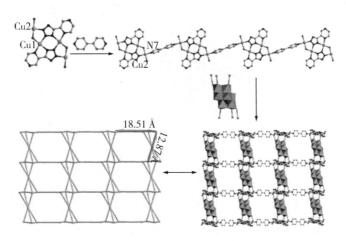

**图 7 – 7　二维金属 – 有机层及拓扑形成过程**

**图 7 – 8　化合物 8 中的 2D + 2D→3D 叉指结构**

## 7.3.1.5　化合物 9 的结构

X 射线晶体结构分析表明，化合物 9 的结构是由 $PW_{12}$ 多阴离子和 [Cu pzta (bipy)(H_2O)]_2 双核铜基元构建而成的。化合物 9 的单胞包含 2 个铜离子、1 个 PW12 多阴离子、2 个 pzta 配体、2 个 bipy 配体、2 个配位水和 8 个游离水(图 7 – 9)。考虑到电荷平衡，一个质子被加入到 PW_{12} 簇上，这也和先前的例子相一致 $[Ag_2(3atrz)_2]_2[(HPMoVI_{10}MoV_2O_{40})]$。

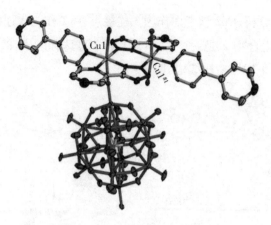

图7-9　化合物9的单胞结构图

化合物9中只有一个晶体学独立的 Cu 离子,它展示了6配位的扭曲八面体几何构型,与来自2个 pzta 配体的4个氮原子和来自1个 PW₁₂多阴离子、1个来自水分子的2个氧原子配位。

通过这些连接方式,两个相邻对称的 Cu 离子连接 pzta 和 bipy 配体形成 [Cupzta(bipy)(H₂O)]₂双核铜单元。此外,PW₁₂多阴离子作为双齿无机配体连接双核铜基元,形成具有悬臂的一维链。相邻的悬臂链通过 bipy 配体间的 π-π 作用形成一个微孔的二维层(图7-10)。

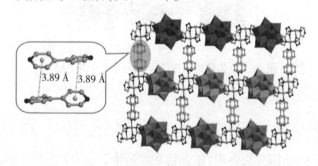

图7-10　通过 π-π 作用形成的二维层

## 7.3.2　化合物6~9的表征

### 7.3.2.1　化合物6~9的红外光谱表征

如图7-11所示,在化合物6~9的红外光谱中,化合物6的特征峰

945 cm$^{-1}$、891 cm$^{-1}$、797 cm$^{-1}$ 和 677 cm$^{-1}$，化合物 8 的特征峰 941 cm$^{-1}$、889 cm$^{-1}$、786 cm$^{-1}$ 和 681 cm$^{-1}$ 分别归属于 $\nu$(Mo=Ot)、$\nu_{as}$(Mo—Ob—Mo)、$\nu_{as}$(Mo—Oc—Mo) 伸缩振动。化合物 7 中的特征峰 1051 cm$^{-1}$、945 cm$^{-1}$、881 cm$^{-1}$ 和 790 cm$^{-1}$，化合物 9 中的特征峰 1053 cm$^{-1}$、946 cm$^{-1}$、883 cm$^{-1}$ 和 789 cm$^{-1}$ 分别归属于 $\nu$(P—O)、$\nu$(W=Ot)、$\nu_{as}$(W—Ob—W) 和 $\nu_{as}$(W—Oc—W) 伸缩振动。振动峰在 1601 ~ 1127 cm$^{-1}$ 的范围归属于有机配体的振动峰。振动峰在 3451 cm$^{-1}$、3435 cm$^{-1}$、3432 cm$^{-1}$ 和 3442 cm$^{-1}$ 归属于化合物 6 ~ 9 中水分子的 O—H 振动峰。

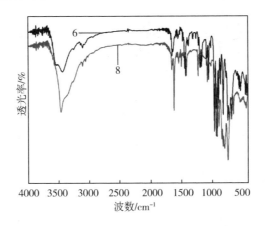

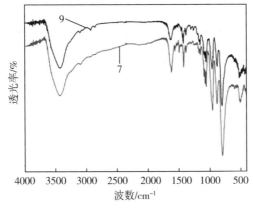

图 7 - 11　化合物 6 ~ 9 的红外光谱

## 7.3.2.2　化合物 6 ~ 9 的 X 射线粉末衍射表征

化合物 6 ~ 9 的 XRD 谱图如图 7 - 12 所示。从实验谱图与模拟谱图比较来看,XRD谱图中化合物6~9的主要峰位和模拟峰位基本相一致,表明化合物6~9的纯度是比较好的。

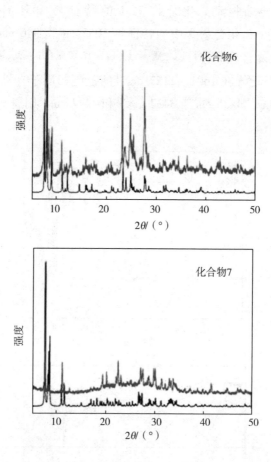

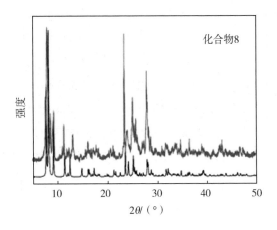

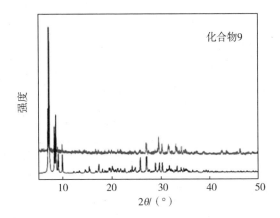

图 7 - 12　化合物 6~9 的 XRD 图,模拟(下)和实验(上)

## 7.3.3　化合物 6~9 的性质研究

### 7.3.3.1　化合物 6~9 的荧光性质

　　笔者在室温下对化合物 6~9 的荧光性质进行了研究。从图 7 - 13 中可以清晰看出,化合物 6~9 的发射峰分别是 468 nm、474 nm、436 nm 和 431 nm,与之对应的激发峰为 368 nm、373 nm、349 nm 和 343 nm。为了更加深刻理解荧光性质,自由的 pzta 和 bipy 配体的发射峰在相同的条件下也被研究。根据文献报道,自由的 bipy 配体是没有荧光性的,而自由的 pzta 配体在 454 nm 显示很强的发射峰,与之对应的激发峰在 359 nm。化合物 6~9 的发射峰与自由的 pzta 配体的发射峰很相似。与自由的 pzta 配体相比较,化合物 6 和 7 的发射峰发生了红移,化合物 8 和 9 的发射峰发生了蓝移。这可能归因于 pzta 配体与金属之间的电荷转移。化合物 6 和 7 的红移可能是由于 pzta 配体与 Cu 离子配位。化合物 8 和 9 的蓝移可能是由于次级配体 bipy 被引入 pzta 配体和 Cu 离子体系。因为化合物 6~9 在极性和非极性的溶液中是不溶的,它们在荧光材料方面可能有潜在的应用。

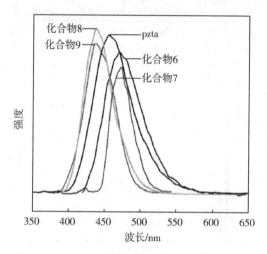

图 7 - 13　pzta 配体和化合物 6~9 的发射光谱

### 7.3.3.2　化合物 6~9 的电化学性质

6 - CPE 和 7 - CPE 的电化学行为与 8 - CPE 和 9 - CPE 的电化学行为非常相似,因此,以 6 - CPE 和 7 - CPE 为例,在 1mol · L$^{-1}$ H$_2$SO$_4$ 溶液中,扫速为 50 mV · s$^{-1}$ 情况下研究其电化学性质。对于 6 - CPE 来说,如图 7 - 14 所示,在平均峰电位为 - 0.015 V 处有一对氧化还原峰(Ⅱ - Ⅱ′),该峰归属于 Mo$^{Ⅵ}$/Mo$^{Ⅴ}$ 的氧化还原过程。对于 7 - CPE 来说,在电势范围 + 0.2 ~ - 0.6 V 之间有三对可逆的氧化还原峰,平均峰电位分别为 - 0.098(Ⅱ - Ⅱ′)、- 0.237(Ⅲ - Ⅲ′)和 - 0.573V(Ⅳ - Ⅳ′),归属于 W$^{Ⅵ}$/W$^{Ⅴ}$ 的氧化还原过程。此外,对于 6 - CPE 和 7 - CPE 来说还分别存在一对氧化还原峰(Ⅰ - Ⅰ′)在 + 0.49 V 和 + 0.42 V 处。峰(Ⅰ - Ⅰ′)归属于 Cu$^{Ⅱ}$ 的氧化还原过程。然而,6 - CPE 和 7 -

CPE 中的 Cu$^{II}$ 具有不同氧化还原电位,这可能是由于化合物 6 和 7 存在细微的结构差异,这与先前的报道相一致。

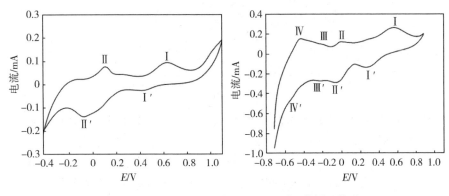

**图 7 - 14　6 - CPE(左)和 7 - CPE（右）的循环伏安**

### 7.3.3.3　电催化性质

笔者对 6 - CPE 和 7 - CPE 的电催化性质进行了研究。研究结果表明 6 - CPE 具有双功能的电催化性能,如图 7 - 15 所示,它不仅可以还原无机分子 $H_2O_2$ 还能氧化生物小分子 AA,这在之前的文献中都是很少有报道的,插图部分分别为加入的 $H_2O_2$ 和 AA 的浓度与峰电流值的线性关系,良好的线性关系表明该化合物修饰的电极对 $H_2O_2$ 和 AA 的催化具有稳定和有效的电催化活性。然而,7 - CPE 对 $H_2O_2$ 和 AA 都没有明显的电催化活性(图 7 - 16)。因此,6 - CPE 在检测 $H_2O_2$ 和 AA 方面有良好的应用价值。

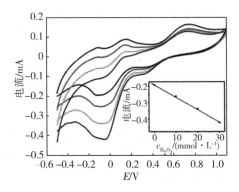

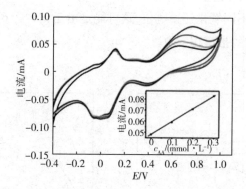

图 7-15  6-CPE 还原 $H_2O_2$(a)和氧化 AA(b)的循环伏安(由内到外 $H_2O_2$ 浓度
分别为 0、10 mmol·$L^{-1}$、20 mmol·$L^{-1}$、30 mmol·$L^{-1}$;AA 浓度分别为 0、
0.1 mmol·$L^{-1}$、0.2 mmol·$L^{-1}$、0.3 mmol·$L^{-1}$),插图分别为加入的 $H_2O_2$ 的浓度
与峰Ⅱ电流值的线性关系和加入的 AA 浓度与峰Ⅰ电流值的线性关系

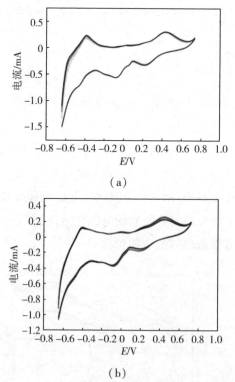

(a)

(b)

图 7-16  7-CPE 还原 $H_2O_2$(a)和氧化 AA(b)的循环伏安
(由内到外 $H_2O_2$ 浓度分别为 0、10 mmol·$L^{-1}$、20 mmol·$L^{-1}$、30 mmol·$L^{-1}$;
AA 浓度分别为 0、0.1 mmol·$L^{-1}$、0.2 mmol·$L^{-1}$、0.3 mmol·$L^{-1}$)

## 7.4　次级配体 bimb 对多酸基螺旋框架结构的影响

### 7.4.1　化合物 10 和 11 的结构

#### 7.4.1.1　X 射线晶体学测定

晶体学数据用单晶衍射仪收集。采用 Mo - Kα($\lambda = 0.71037$ Å)，先后在 273 K 和 293 K 下测试。晶体结构采用 SHELXTL 软件解析，并用最小二乘法 $F^2$ 精修。化合物 10 和 11 的晶体学数据信息见表 7 - 3。

表 7 - 3　化合物 10 和 11 的晶体学数据

| 化合物 | 10 | 11 |
|---|---|---|
| 分子式 | $CoH_4O_8V_2$ | $C_{12}H_{10}CoN_4O_6V_2$ |
| 相对分子质量 | 292.84 | 467.05 |
| 晶系 | Orthorhombic | Triclinic |
| 空间群 | Pnma | $P\bar{1}$ |
| $a/$ Å | 5.5676(14) | 7.981(5) |
| $b/$ Å | 10.692(3) | 8.672(5) |
| $c/$ Å | 11.859(3) | 11.828(5) |
| $V/$ Å³ | 706.0(3) | 757.8(7) |
| $\alpha/(°)$ | 90 | 104.092(5) |
| $\beta/(°)$ | 90 | 97.985(5) |
| $\gamma/(°)$ | 90 | 102.840(5) |
| $Z$ | 4 | 2 |
| $D_{calcd}/(g \cdot cm^{-3})$ | 2.755 | 2.047 |
| $T/K$ | 273(2) | 293(2) |
| $\mu/mm^{-1}$ | 4.914 | 2.330 |
| Refl. Measured | 5152 | 6116 |
| Refl. Unique | 924 | 3805 |

续表

| 化合物 | 10 | 11 |
| --- | --- | --- |
| $R_{int}$ | 0.0417 | 0.0175 |
| GoF on $F^2$ | 0.959 | 1.039 |
| $R_1/wR_2[I \geqslant 2\sigma(I)]$ | 0.0250/ 0.0673 | 0.0333/ 0.0791 |

### 7.4.1.2 化合物 10 的结构

单晶 X 射线晶体结构分析表明,化合物 10 由 1 个 $Co^{2+}$、$[V_2O_6]^{2-}$ 簇和 2 个配位水分子构成(图 7 - 17)。2 个水分子($O_{W1}$ 和 $O_{W2}$)是关于 $Co^{2+}$ 镜面对称的。$Co(1)$ 在一个扭曲的八面体构型中是 6 配位的,这个八面体由来自 2 个水分子的氧原子和 4 个 $\{VO_4\}$ 四面体的氧(共 6 个氧原子)配位而成的。Co—O 键键长为 2.075 Å,O—Co—O 键键角范围是 85.72(11)°~ 179.88(11)°。在 $[V_2O_6]^{2-}$ 簇中,存在 1 个晶体学独立的 V 原子。$V(1)$ 原子存在于一个扭曲的四面体环境中,由来自 1 个 $\{Co(H_2O)_2O_4\}$ 八面体和三个相同的 $\{VO_4\}$ 四面体中的四个桥接氧原子配位而成。V—O 键键长范围是 1.634(17)~ 1.803(17) Å,V—O 键键长为 1.722 Å。

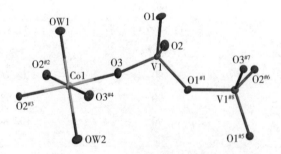

图 7 - 17 化合物 10 的单胞结构图

化合物 10 在 1 个三维无机框架中拥有缠结点的双螺旋结构,这种结构是先前没有报道的螺旋类型。这个复杂结构可以分两步描述:首先,$\{Co(H_2O)_2O_4\}$ 八面体和 $\{VO_4\}$ 四面体通过共享氧原子构成一对不同的扭曲双螺旋结构,这个结构是沿着 $a$ 轴方向延伸的,互相之间交错连接。每个双螺旋都是由两个左、右手螺旋通过共享 Co、V 和 O 原子交织构成的,因此有四种螺旋具有相同的螺距大约为 5.568 Å(图 7 - 18)。在图 7 - 19 中,扭曲的双螺旋沿着它们的螺旋对称轴规则的分布,构成了两种具有一维螺旋孔道的近似椭圆的圆柱(A 和 B)。A 圆柱的横截面尺寸大约为 5.7 Å×6.9 Å,B 圆柱的横截面尺寸大约为 4.6 Å×7.4 Å。不同的双螺旋通过角共享的 V 和 O 原子进一步相互连接,构成一个二维层。相邻层通过角共享的 Co 原子进一步相互连接构成一个三维的无机框架。通过考虑每个 $\{VO_4\}$ 四面体作为一个 4 连接节点,每个 $\{Co(H_2O)_2$ $O_4\}$ 八面体作为 4 连接节点进行了结构的拓扑分析。因此,化合物 1 的三维框架可以被简化为一个具有 $(8^1\,12^4\,16^1)(8^2\,12^2\,16^2)$ 拓扑结构的(4,4)连接网。

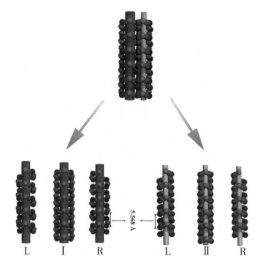

图 7 - 18　化合物 10 中的两对缠结的双螺旋链

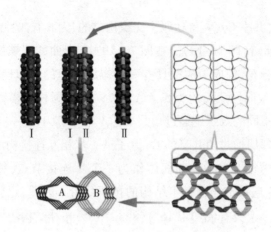

图 7 - 19　一个三维无机框架由两对缠结的双螺旋链构成

### 7.4.1.3　化合物 11 的结构

单晶 X 射线晶体结构分析表明,化合物 11 由一个 $Co^{2+}$、$[V_2O_6]^{2-}$ 簇和 bimb 配体构成(图 7 - 20)。Co(1)在 1 个扭曲的六面体构型中是 5 配位的,这个六面体由来自 3 个 {$VO_4$} 四面体的 3 个氧原子和来自 2 个 bimb 配体的 2 个 N 原子配位而成的。Co—O 键键长为 1.989 Å,Co—N 键键长为 2.093 Å,O—Co—N 键键角范围是 87.54(10)°~93.13(10)°。$[V_2O_6]^{2-}$ 是一种双核钒阴离子簇。在 $[V_2O_6]^{2-}$ 簇中,存在 2 个晶体学独立的 V 原子。V(1)原子存在于一个扭曲的四面体环境中,由来自 2 个 {$CoO_3N_2$} 六面体和 2 个 {V(2)$O_4$} 四面体中的 4 个桥接氧原子配位而成。V(2)原子存在于 1 个扭曲的四面体环境中,由来自 1 个 {$CoO_3N_2$} 六面体和 2 个 {V(1)$O_4$} 四面体中的 1 个终端氧原子和 3 个桥接氧原子配位而成。V—O 键键长为 1.620(2)~1.802(2) Å,V—O 键键长为 1.711 Å。

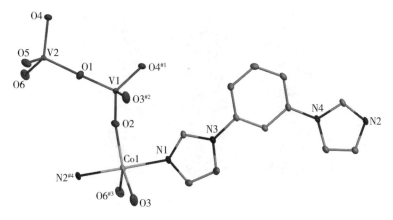

图 7 - 20　化合物 11 的单胞结构图

化合物 11 是基于多酸的一种新颖的螺旋化合物。化合物 11 在一个三维无机有机框架中拥有缠结点的单一双螺旋结构,这种复杂结构可以描述为以下三步:第一步,{CoO$_3$N$_2$}六面体、{V(1)O$_4$}四面体和{V(2)O$_4$}四面体通过角共享氧原子相互连接构成、右手螺旋结构,这个结构具有相同的间距大约为10.399 Å(图 7 - 21)。此外,左、右手螺旋结构通过共享钴原子、钒原子和氧原子相互连接在[001]方向构成一个双螺旋结构。第二步,每个双螺旋通过角共享的 V 和 O 原子进一步连接,构成一个[Co$^{II}$VV$_2$O$_6$]$_n$二维层,如图 7 - 22(a)所示。{V(1)O$_4$}四面体和{V(2)O$_4$}四面体通过角共享的 O 原子相互连接构成{V4O$_{12}$}簇,{V$_4$O$_{12}$}簇通过 Co$^{2+}$的亚单元进一步连接得到[Co$^{II}$V$_2^V$O$_6$]$_n$异金属层。第三步,如图 7 - 22(b)所示,相邻的[Co$^{II}$V$_2^V$O$_6$]$_n$层通过 Co—N 键与 V 形成 bimb 配体互相连接构成一个三维的无机 - 有机框架。为了更好地理解化合物 11 的结构,考虑每个[V$_4$O$_{12}$]簇作为一个 5 连接点,每个{CoO$_3$N$_2$}六面体作为 6 连接点进行了结构的拓扑分析。化合物 11 展现出(5,6)连接的(4$^3$6$^7$)(4$^6$6$^9$)拓扑结构,如图 7 - 22(c)所示。

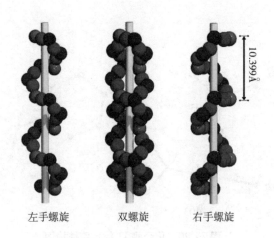

左手螺旋　　　双螺旋　　　右手螺旋

图 7 - 21　化合物 11 中的左、右手螺旋和双螺旋链

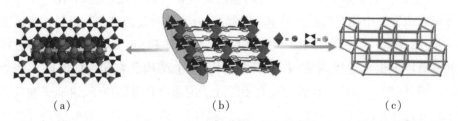

（a）　　　　　　　　　（b）　　　　　　　　　（c）

图 7 - 22　化合物 11 中（a）二维网络结构；（b）三维框架结构；（c）三维框架拓扑结构

## 7.4.2　化合物 10 和 11 的表征

### 7.4.2.1　化合物 10 和 11 的红外光谱表征

如图 7 - 23 所示，化合物 10 的红外光谱在 983 cm$^{-1}$、939 cm$^{-1}$、836 cm$^{-1}$ 和 648 cm$^{-1}$ 处出现的振动峰，归属于 $\nu(\text{V}\!=\!\text{O})$ 和 $\nu_{\text{as}}(\text{V—O—M})$ 的特征峰，化合物 11 的红外光谱在 942 cm$^{-1}$、872 cm$^{-1}$、789 cm$^{-1}$、725 cm$^{-1}$ 和 642 cm$^{-1}$ 处出现的振动峰，归属于 $\nu(\text{V}\!=\!\text{O})$ 和 $\nu_{\text{as}}(\text{V—O—M})$ 的特征峰。此外，在 3293 cm$^{-1}$ 和 3437 cm$^{-1}$ 处的振动峰可认为是化合物 10 中水分子的伸缩振动，在 1511 ~ 1057 cm$^{-1}$ 处的谱带可以认为是化合物 11 中 bimb 配体的特征峰。

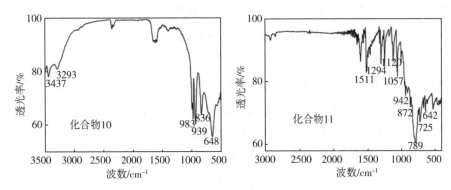

图 7 - 23　化合物 10 和 11 的红外光谱

## 7.4.2.2　化合物 10 和 11 的 X 射线粉末衍射表征

化合物 10 和 11 的 XRD 谱图如图 7 - 24 所示。从实验谱图与模拟谱图比较来看,XRD 图谱中化合物 10 和 11 的主要峰位和模拟峰位基本相一致,表明化合物 10 和 11 的纯度是比较好的。

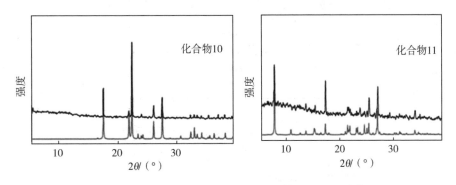

图 7 - 24　化合物 10 和 11 的 XRD 谱图,模拟(下)和实验(上)

## 7.4.3　化合物 10 和 11 的性质研究

### 7.4.3.1　化合物 10 和 11 的电化学性质

钒氧簇多酸具有进行可逆的单电子氧化还原过程 $V^V/V^{IV}$ 的能力,使得钒氧簇具有优良的电化学和电催化性质。为了研究化合物 10 和 11 的电化学性质,将化合物 10 和 11 做成碳糊电极(10 – CPE 和 11 – CPE)。

    10 – CPE 和 11 – CPE 的循环伏安行为是在 1 mol·L$^{-1}$ H$_2$SO$_4$溶液中进行研究的。如图 7 – 25 所示,在 – 0.2 ~ 1.6 V 的电位范围内,两个碳糊电极都出现了两对可逆的氧化还原峰。化合物 10 的第一个峰 Ⅰ – Ⅰ′的平均峰电位为 1.151 V,化合物 11 的第一个峰 Ⅰ – Ⅰ′的平均峰电位为 1.251 V,都对应于 V 原子(V$^{\rm V}$/V$^{\rm IV}$)的单电子可逆氧化还原过程。化合物 10 的平均峰电位为 0.646 V 和化合物 11 的平均峰电位为 0.677 V 的第二对峰 Ⅱ – Ⅱ′都对应于 Co 原子(Co$^{\rm II}$/Co$^{\rm III}$)的单电子可逆氧化还原过程。

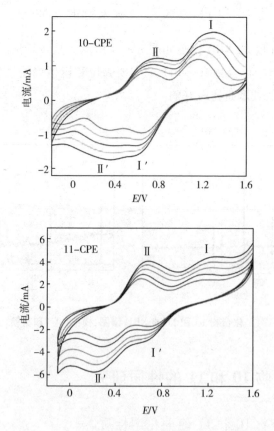

图 7 – 25   10 – CPE 和 11 – CPE 在不同扫速下的循环伏安曲线(从内到外扫速依次为 0.04 V·s$^{-1}$、0.05 V·s$^{-1}$、0.06 V·s$^{-1}$、0.07 V·s$^{-1}$和 0.08 V·s$^{-1}$)

如图 7 - 26 所示,当扫速从 $0.04\ \mathrm{V \cdot s^{-1}}$ 变到 $0.08\ \mathrm{V \cdot s^{-1}}$,峰电位逐渐改变,即随着扫速的增加,阴极峰电位向负方向移动,相应的阳极峰电位向正方向移动。峰电流与扫速是成比例的,说明氧化还原过程是表面控制过程,电子的交换速率很快。

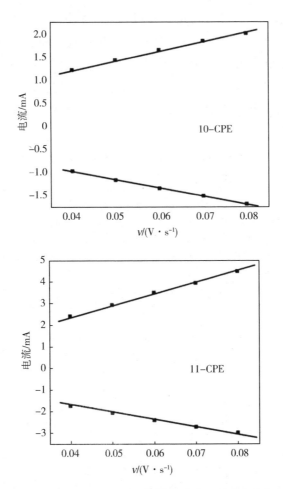

图 7 - 26　10 - CPE 和 11 - CPE 第一对阴极峰电流和阳极峰电流与扫速的线性关系

## 7.4.3.2　化合物 10 和 11 的电催化性质

AA 和 DA 在人类的日常饮食中是很重要的成分,据我们所知,它们参与生物学反应和临床上用于治疗和预防坏血病。因此,通过电化学方法检测 AA 和 DA 是很重要的。因此,本章选择氧化 AA 和 DA 作为检测反应研究化合物 10 和 11 的电催化活性。

如图 7 − 27 所示,随着 AA 和 DA 的加入,10 − CPE 的还原峰和氧化峰几乎不受影响。但是,如图 7 − 28 所示,随着 AA 和 DA 的加入,钴原子和钒原子的阳极峰电流都明显增加,表明 11 − CPE 可以催化氧化 AA 和 DA。虽然化合物 10 和 11 都有相同的无机组分,将富含 π 电子体系的 bimb 配体引入化合物 11 中,可能有助于在电催化过程中的电子交换,这可能是 11 − CPE 具有良好电催化活性的一个主要原因。结果表明,11 − CPE 对 AA 和 DA 氧化过程的电催化效率分别是 100% 和 250%,这也表明了化合物 11 在检测 AA 和 DA 方面具有潜在的应用价值。

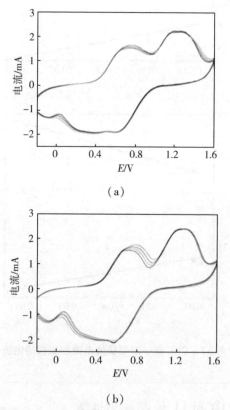

(a)

(b)

图 7 − 27　在 70 mV·s$^{-1}$ 扫速下,10 − CPE 对(a)AA 和(b)DA 的氧化

(底物浓度依次是 0、0.4 mmol·L$^{-1}$、0.8 mmol·L$^{-1}$、1.2 mmol·L$^{-1}$、1.6 mmol·L$^{-1}$)

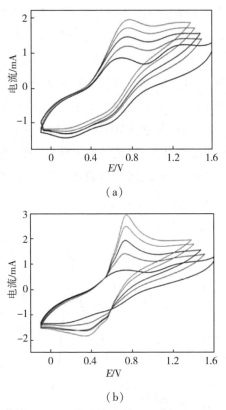

（a）

（b）

图 7 - 28　在 70 mV · s$^{-1}$扫速下,化合物 11 的碳糊电极在 1 mol · L$^{-1}$
硫酸溶液中对(a)AA 和(b)DA 的氧化,底物浓度依次是 0、0.4 mmol · L$^{-1}$、
0.8 mmol · L$^{-1}$、1.2 mmol · L$^{-1}$、1.6 mmol · L$^{-1}$

### 7.4.3.3　化合物 10 和 11 的光催化性质

为了研究化合物 10 和 11 的光催化活性,在紫外光的照射下,通过一个典型的过程对亚甲基蓝(MB)的光解作用进行了测试:在光催化实验之前,将 150 mg 化合物 10 或化合物 11 的粉末与 90 mL 10.0 mg · L$^{-1}$ MB 溶液放入烧杯中搅拌均匀,超声分散 0.5 h。混合后的溶液搅拌 2 h。然后,将混合液在 250 W 高压汞灯紫外光照射下连续搅拌。每 10 min 从混合物中取一次样,对这个样品进行多次离心,去除化合物 10 或 11 的粉末,溶液达到澄清状态用于紫外分析。结果表明,随着照射时间的延长反应溶液的吸光度降低(图 7 - 29)。MB

的降解速率($K$)可以表示为 $K = (I_0 - I_t)/I_0$，$I_0$ 代表初始时间($t=0$)MB 的紫外吸收强度，$I_t$ 代表在给定时间的吸收强度。如图 7 – 29(d) 所示，照射 50 min 后 MB 的光降解速率由不含有化合物 10 和 11 的 86%，降到含有化合物 10 和 11 的 31%。化合物 10 和 11 存在时，MB 光降解速率下降，表明化合物 10 和 11 抑制了 MB 的光降解。Niu 和 Chen 等人在 RhB 或 MB 的光降解实验中也观察到了这个现象。化合物 10 和 11 能抑制 MB 的光降解作用的主要原因总结如下：(1)化合物 10 和 11 能吸收紫外光，因此降低了紫外照射强度；(2)一些弱的相互作用像 MB 和化合物 10 和 11 之间的氢键提高了 MB 在溶液中的化学稳定性，结果减缓了 MB 底物的光降解速率。

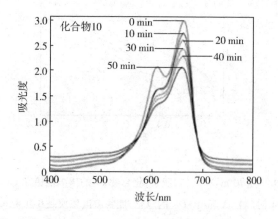

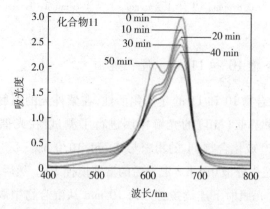

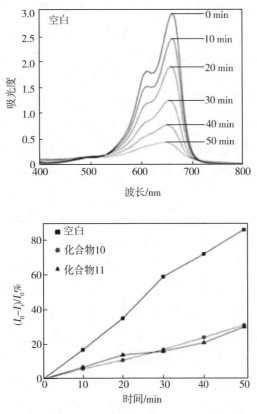

**图 7 - 29　化合物 10、化合物 11 和不含催化剂的化合物**
**分别对 MB 的降解过程的吸收光谱和亚甲基蓝溶液的降解率与照射时间的关系**

## 7.5　本章小结

　　本章探究了不同的次级有机配体对 POMOF 结构的影响。为了使研究更具有系统性,分别将线性的次级配体 bipy 和角形的次级配体 bimb 依次引入两个不同的多酸反应体系。与先前的研究不同的是,为了使研究更具有目的性,首先用单配体体系得到 POMOF 结构,进一步,向得到的单配体 POMOF 结构体系引入第二配体,也就是次级配体,去探究次级配体对主体框架结构的影响。这项工作是很有难度的,因为首先需要得到一个主体 POMOF 框架,其次向主体框架体系引入次级配体时,反应体系中会存在主配体和次级配体的竞争反应,所以说,想要在主配体存在的前提下,次级配体也被成功引入主体框架内,这样的难度是很大的。同时,这项工作也是很有意义的。因为,目前对基于单配体体系框架结构的研究已经不能满足化学家们想要得到复杂结构的渴望。当今,一种新颖的设计是用混合配体体系去建构 POMOF 结构,期待得到更加丰富的结构,去探索其优异的性质。所以说,深入地研究次级配体对主体框架结构的影响,对今后用混合配体体系去定向建构新颖的 POMOF 结构是很有意义的。

首先,将 $Mo_8$ 和 $PW_{12}$ 多酸阴离子引入相同的 $Cu$ – 多齿有机配体 pzta 反应体系中,分别得到了 2 种不同的 POMOF 结构。化合物 6 展示了经典的三维框架包裹多酸的 POMOF 结构,而化合物 7 是一种以多酸为模板的二维 MOF 层结构。这个结果验证了第二章的结论,即小尺寸的多酸更倾向于形成三维框架包裹多酸的 POMOF 结构。进一步,分别将线性次级配体 bipy 引入化合物 6 和 7 的反应体系,成功得到了化合物 8 和 9。化合物 8 是二维格子层结构,化合物 9 是一维多悬臂链结构。很明显,将线性次级配体引入多齿配体为主配体的 POMOF 结构中,使主体框架结构的维度降低,降低了结构的复杂程度。从得到的结果分析出,线性次级配体的引入,减少了多齿配体与金属离子配位的机会,从而阻断了主体框架进一步向空间延伸的机会。

在以上的基础上,进一步尝试探索了次级配体对纯无机的 POMOF 结构的影响。首先,用包含钴和钒的无机组分得到了一个三维无机框架结构,化合物 10 是一例未见报道的基于两对缠结的双螺旋组成的 POMOF 结构。将角形的有机配体 bimb 引入主体无机框架中,得到了化合物 11,它是基于一对缠结的双螺旋 POMOF 结构。从以上结果可以得出,由于有机配体 bimb 的引入减少了钴离子与钒氧簇的配位机会,同时由于有机配体 bimb 空间位阻的影响,降低了框架缠结螺旋的个数,从而降低了无机框架的复杂程度。

# 第8章 多酸基金属有机框架材料的制备及 pH 值对结构的影响研究

## 8.1 引言

作为一种新颖的固态功能材料,多酸基金属有机框架晶态材料具有多样的结构,在气体吸附、催化领域和材料科学等领域具有很广泛的应用。水热合成自组装是一种优异的技术去制备多酸基金属有机框架晶态材料。然而,从晶体工程角度分析,在自组装过程中有目的性地去控制 POMOF 结构,是一个具有挑战性的工作。因为水热反应自组装通常被称之为"黑匣子",化合物最终的结构经常受很多条件的影响。众所周知,在自组装过程中,反应体系 pH 值是一个重要因素。通过调节反应体系的 pH 值,可以有效控制最终的结构。到目前为止,一些工作已经探索了在合成多酸基金属 – 有机框架的过程中 pH 值的影响。例如,安海燕课题组探究了 pH 值对 Ag – L – Anderson 体系结构的影响,龙腊生课题组探究了 pH 值对 Ni – L – Keggin 体系结构的影响,沙靖全课题组探究了 pH 值对 Ag – L – Dawson 体系结构的影响。

然而,这些报道关于 pH 值影响的研究工作只是针对某一种类型多酸的反应体系,为了使这项研究更充实,更具有系统性,笔者认为研究 pH 值影响的反应体系中,应该引入多种类型的多酸。探究 pH 值变化的同时对多种类型多酸的反应体系的影响,有效地对化合物的结构进行控制,对于定向合成是十分有意义的。

　　本章同时将 $Mo_7$ 同多酸、Keggin 型 $PW_{12}$ 杂多酸和 Dawson 型 $P_2W_{18}$ 杂多酸引入 Cu–bib 反应体系,通过有效调节反应体系 pH 值,得到 6 个新颖的多酸基金属有机框架晶态材料。

$$[H_2bib][Mo_6O_{19}] \tag{12}$$

$$Cu^{II}(bib)_{1.5}(H_2O)(Mo_8O_{26})_{0.5} \tag{13}$$

$$[Hbib]_2[HPW_{12}O_{40}] \tag{14}$$

$$[bib_{0.5}][Cu^{II}(bib)_3Cu^{I}(bib)_{0.5}(PW_{12}O_{40})] \tag{15}$$

$$[H_2bib][Cu^{II}(bib)_{2.5}(H_2O)(H_2P_2W_{18}O_{62})]\cdot 2H_2O \tag{16}$$

$$[Cu^{I}bib][(Cu^{I}bib)_2(H_2KP_2W_{18}O_{62})]\cdot 4H_2O \tag{17}$$

bib $=$ 1,4–bis(1–imidazol–yl)–2,5–dimethyl benzene

## 8.2　材料的制备

　　$[H_2bib][Mo_6O_{19}]$（12）。将 $(NH_4)_6Mo_7O_{24}\cdot 4H_2O$（0.37 g,0.3 mmol·$L^{-1}$）、$CuCl_2\cdot 2H_2O$（0.16 g,0.9 mmol·$L^{-1}$）、bib（0.06 g,0.25 mmol·$L^{-1}$）溶于 10 mL 蒸馏水中,在室温下搅拌 1 h,用 3 mol·$L^{-1}$ HCl 调节 pH $=$ 1.5～2.5,将上述溶液装入聚四氟乙烯反应釜,在 160 ℃反应 4 天,缓慢冷却至室温得到黄色块状晶体。经过滤、洗涤、干燥,计算产率为 49%（按 Mo 计算）。元素分析,理论值(%)：C 15.01,H 1.44,N 5.00,Mo 51.40。实验值(%)：C 14.29,H 1.52,N 4.87,Mo 50.11。

　　$Cu^{II}(bib)_{1.5}(H_2O)(Mo_8O_{26})_{0.5}$（13）。化合物 13 的合成与化合物 12 相似,用 3 mol·$L^{-1}$ HCl 调节 pH $=$ 3.2～3.9,经过滤、洗涤、干燥,最终得到蓝色块状晶体,计算产率为 43%（按 Mo 计算）。元素分析,理论值(%)：C 24.49,H 2.15,N 8.16,Cu 6.17,Mo 37.27。实验值(%)：C 24.11,H 2.24,N 8.25,Cu 6.01,Mo 36.48。

　　$[Hbib]_2[HPW_{12}O_{40}]$（14）。将 $H_3PW_{12}O_{40}$（0.32 g,0.17 mmol·$L^{-1}$）、$CuCl_2\cdot 2H_2O$（0.16 g,0.9 mmol·$L^{-1}$）、bib（0.06 g,0.25 mmol·$L^{-1}$）溶于 10 mL 蒸馏水中,在室温下搅拌 1 h,用 3 mol·$L^{-1}$ HCl 调节 pH $=$ 2.5～3.5,将上述溶液装入聚四氟乙烯反应釜,在 160 ℃反应 4 天,缓慢冷却至室温得到棕

色块状晶体。经过滤、洗涤、干燥,计算产率为 47%(按 W 计算)。元素分析,理论值(%):C 10.02,H 0.93,N 3.34,W 65.72。实验值(%):C 10.17,H 1.04,N 3.21,W 63.49。

[bib$_{0.5}$][Cu$^{II}$(bib)$_3$Cu$^I$(bib)$_{0.5}$(PW$_{12}$O$_{40}$)](15)。化合物 15 的合成与化合物 14 相似,用 3 mol·L$^{-1}$ HCl 调节 pH = 4.0~4.6,经过滤、洗涤、干燥,最终得到绿色块状晶体,计算产率为 41%(按 W 计算)。元素分析,理论值(%):C 17.00,H 1.40,N 5.66,Cu 3.21,W 55.76%;实验值(%):C 16.88,H 1.50,N 5.79,Cu 3.03,W 54.91%。

[H$_2$bib][Cu$^{II}$(bib)$_{2.5}$(H$_2$O)(H$_2$P$_2$W$_{18}$O$_{62}$)]·2H$_2$O (16)。将 α - K$_6$P$_2$W$_{18}$O$_{62}$·15H$_2$O (0.56 g,0.12 mmol·L$^{-1}$)、CuCl$_2$·2H$_2$O (0.16 g,0.9 mmol·L$^{-1}$)、bib (0.06 g,0.25 mmol·L$^{-1}$)溶于 10 mL 蒸馏水中,在室温下搅拌 1 h,用 3 mol·L$^{-1}$ HCl 调节 pH = 2.0~3.0,将上述溶液装入聚四氟乙烯反应釜,在 160 ℃反应 4 天,缓慢冷却至室温得到绿色块状晶体。经过滤、洗涤、干燥,计算产率为 45%(按 W 计算)。元素分析,理论值(%):C 11.07,H 1.06,N 3.69,Cu 1.20,W 62.25。实验值(%):C 11.26,H 1.15,N 3.88,Cu 1.32,W 63.41。

[Cu$^I$bib][(Cu$^I$bib)$_2$(H$_2$KP$_2$W$_{18}$O$_{62}$)]·4H$_2$O (17)。化合物 17 的合成与化合物 16 相似,用 3 mol·L$^{-1}$ HCl 调节 pH = 3.4~3.8,经过滤、洗涤、干燥最终得到红色条状晶体,计算产率为 49%(按 W 计算)。元素分析,理论值(%):C 9.50,H 0.84,N 3.17,Cu 3.59,W 62.32。实验值(%):C 9.38,H 0.95,N 3.29,Cu 3.41,W 60.53。

# 8.3 体系 pH 值对多酸基 Cu - bib 框架结构的影响

## 8.3.1 化合物 12~17 的结构

### 8.3.1.1 X 射线晶体学测定

晶体学数据用单晶衍射仪收集。采用 Mo - Kα (λ = 0.71037 Å),在 293 K 下测试。晶体结构采用 SHELXTL 软件解析,并用最小二乘法 $F^2$ 精修。化合物

12~17 的晶体学数据信息见表 8 – 1 和表 8 – 2。

表 8 – 1    化合物 12~14 的晶体学数据

| 化合物 | 12 | 13 | 14 |
|---|---|---|---|
| 分子式 | $C_{14}H_{16}Mo_6N_4O_{19}$ | $C_{21}H_{22}CuMo_4N_6O_{14}$ | $C_{28}H_{31}PW_{12}N_8O_{40}$ |
| 相对分子质量 | 1119.93 | 1029.74 | 3356.63 |
| $T/K$ | 293(2) | 293(2) | 293(2) |
| 晶系 | Triclinic | Triclinic | Triclinic |
| 空间群 | $P\,\bar{1}$ | $P\,\bar{1}$ | $P\,\bar{1}$ |
| $a/Å$ | 7.741(5) | 11.4391(5) | 9.9705(16) |
| $b/Å$ | 9.604(5) | 11.9757(5) | 11.4405(19) |
| $c/Å$ | 10.200(5) | 12.3265(6) | 13.258(2) |
| $V/Å^3$ | 652.9(6) | 1490.78.(12) | 1334.5(4) |
| $Z$ | 1 | 2 | 1 |
| $D_c/(g \cdot cm^{-3})$ | 2.843 | 2.290 | 4.137 |
| $\mu/mm^{-1}$ | 2.890 | 2.416 | 25.883 |
| Refl. Measured | 3256 | 11498 | 6804 |
| Refl. Unique | 15568 | 24119 | 19871 |
| $R_{int}$ | 0.0153 | 0.0380 | 0.0257 |
| $F(000)$ | 530.0 | 994.0 | 1475.0 |
| GOF on $F^2$ | 1.095 | 1.013 | 1.059 |
| $R_1, wR_2$ | $R_1 = 0.0285$ | $R_1 = 0.0295$ | $R_1 = 0.0593$ |
| $[I > 2\sigma(I)]$ | $wR_2 = 0.0892$ | $wR_2 = 0.0699$ | $wR_2 = 0.1529$ |

表 8 – 2    化合物 15~17 的晶体学数据

| 化合物 | 15 | 16 | 17 |
|---|---|---|---|
| 分子式 | $C_{56}H_{55}Cu_2N_{16}O_{40}PW_{12}$ | $C_{49}H_{59}CuN_{14}O_{65}P_2W_{18}$ | $C_{42}H_{44}Cu_3KN_{12}O_{62}P_2W_{18}$ |
| 相对分子质量 | 3956.31 | 5318.62 | 5309.67 |
| $T/K$ | 293(2) | 293(2) | 293(2) |
| 晶系 | Monoclinic | Triclinic | Monoclinic |

续表

| 化合物 | 15 | 16 | 17 |
| --- | --- | --- | --- |
| 空间群 | $P\,2_1/n$ | $P\,\overline{1}$ | $P\,2_1/n$ |
| $a/\text{Å}$ | 15.117(5) | 14.505(5) | 13.152(5) |
| $b/\text{Å}$ | 24.346(5) | 15.007(5) | 25.208(5) |
| $c/\text{Å}$ | 24.353(5) | 22.506(5) | 34.395(5) |
| $V/\text{Å}^3$ | 8845(4) | 4818(3) | 11280(5) |
| $Z$ | 4 | 2 | 4 |
| $D_c/(\text{g}\cdot\text{cm}^{-3})$ | 2.971 | 3.659 | 3.125 |
| $\mu/\text{mm}^{-1}$ | 16.111 | 21.743 | 18.971 |
| Refl. Measured | 44158 | 16974 | 56805 |
| Refl. Unique | 15568 | 24119 | 19871 |
| $R_{\text{int}}$ | 0.0606 | 16974 | 0.0685 |
| $F(000)$ | 7136.0 | 4704.0 | 1675.0 |
| GOF on $F^2$ | 1.099 | 1.005 | 0.926 |
| $R_1,wR_2$ | $R_1 = 0.0835$ | $R_1 = 0.0585$ | $R_1 = 0.0718$ |
| $[I > 2\,\sigma(I)]$ | $wR_2 = 0.2372$ | $wR_2 = 0.1671$ | $wR_2 = 0.1975$ |

### 8.3.1.2　化合物 12 的结构

化合物 12 在 pH = 1.5 ~ 2.5 的条件下获得,单晶 X 射线晶体结构分析显示,化合物 12 的单胞是由 1 个 $[\text{Mo}_6\text{O}_{19}]^{2-}$ 阴离子和 1 个双质子化的 bib 配体组成的(图 8 - 1)。

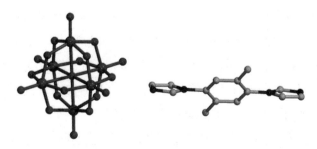

图 8 - 1　化合物 12 的单胞结构图

$Mo_6$阴离子展现了经典的 Lindqvist 型结构,它是由 6 个具有 3 个不同键长的 Mo–O 键构成的 $MoO_6$ 八面体。依照它们在聚阴离子中不同的配位环境,O 原子可以分为三种:端氧($O_t$)、桥氧($O_b$)和中心氧原子($O_c$)。Mo—$O_t$、Mo—$O_b$ 和 Mo—$O_c$ 键键长分别为 1.685 Å、1.924 Å 和 2.318 Å。这些键长与文献的报道相一致。化合物 12 是超分子结构,它是通过相邻的 $Mo_6$ 阴离子和双质子化的 bib 配体之间的氢键作用形成 2D 的超分子层结构(2D 层之间的典型氢键作用包括:C1—H1⋯O5 = 2.866 Å,C2—H2⋯O8 = 2.999 Å)(图 8 – 2)。

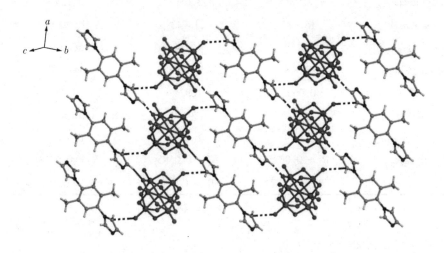

图 8 – 2　由氢键作用形成的二维超分子结构

### 8.3.1.3　化合物 13 的结构

化合物 13 与化合物 12 反应条件相似,只是调节 pH = 3.2~3.9,X 射线晶体结构分析展示化合物 13 的单胞是由 1 个 Cu(Ⅱ)离子、1.5 个 bib 配体和 0.5 个 $Mo_8$ 阴离子构成(简称 $Mo_8$)(图 8 – 3)。$Mo_8$ 阴离子作为双齿无机配体连接 2 个 Cu 离子。Cu(Ⅱ)采取 5 配位的四角锥配位几何构型,它是由来自 3 个 bib 配体的 3 个氮原子(N1、N3、N5)、$Mo_8$ 阴离子的 1 个氧原子(O9)和 1 个结晶水(O1w)构成的。Cu—N 键和 Cu—O 键键长分别为 1.988(3)~2.002(3) Å 和 1.980(2)~2.234(3) Å,化合物中所有 Cu(Ⅱ)键长均属于正常范围。

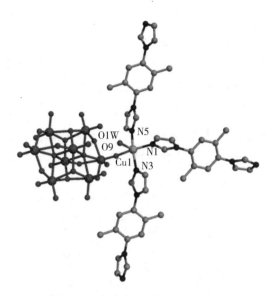

**图 8 - 3  化合物 13 的单胞结构图**

  化合物 13 的结构显示为二维层结构,它是由 $Mo_8$ 阴离子作为双齿无机配体连接"轨道形"Cu - bib 链形成的二维格子层(图 8 - 4)。在层结构中有两种不同类型的窗口,在窗口 I 中包含 4 个 Cu 原子和 4 个 bib 配体,孔道的大小为 13.469 Å×13.275 Å。窗口 II 由 4 个 Cu 原子、2 个 bib 配体和 2 个 $Mo_8$ 阴离子构成,窗口的大小为 13.469 Å×11.903 Å。进一步,这些相邻的层由氢键作用相互连接形成三维框架结构,如图 8 - 4(c)所示。

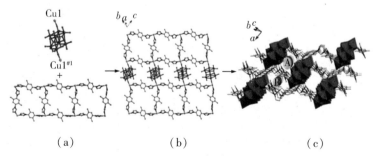

(a)     (b)     (c)

**图 8 - 4** (a)$Mo_8$ 阴离子作为双齿无机配体连接轨道形 Cu - bib 链;(b)由 $Mo_8$ 阴离子和轨道形 Cu - bib 链构建成的二维层;(c)化合物 13 的微孔三维框架结构

### 8.3.1.4 化合物 14 的结构

化合物 14 在 pH = 2.5 ~ 3.5 条件下获得。单晶 X 射线晶体结构分析显示化合物 14 的单胞是由 1 个质子化的 Keggin 型 $[HPW_{12}O_{40}]^{2-}$ 阴离子(简称 $PW_{12}$)和 2 个单质子化 bib 配体构成的(图 8 −5)。此外,来自 $PW_{12}$ 多阴离子的四个中心 $\mu_4$ − O 原子是无序的,并且每 1 个氧原子均为半占据的。这在报道的基于 Keggin 型多酸的结构中是很常见的。

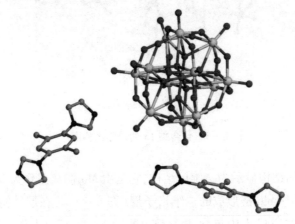

图 8 −5  化合物 14 的单胞结构图

化合物 14 是一种超分子结构,由于相邻的 $PW_{12}$ 阴离子和单质子化 $[Hbib]^+$ 阳离子之间的氢键作用,二维超分子层更加稳定(二维层间的氢键包含: C10—H10···O11 = 2.609 Å, C11—H11A···O5 = 2.458 Å)(图 8 −6)。

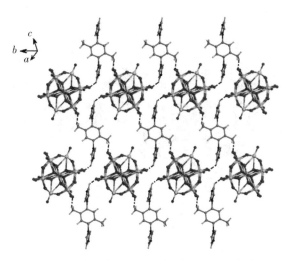

图 8 - 6　由氢键作用形成的二维超分子层

### 8.3.1.5　化合物 15 的结构

化合物 15 与化合物 14 相似,在 pH = 4.0~4.6 条件下获得。化合物 15 的单胞由 1 个 Cu(Ⅱ)离子、1 个 Cu(Ⅰ)离子、3.5 个 bib 配体、1 个 PW$_{12}$ 阴离子和 0.5 个自由的 bib 配体构成(图 8 - 7)。两种晶体学独立的 Cu 原子具有两种不同的配位模式,Cu1 是六配位的,采取扭曲的八面体几何构型,它是由来自 1 个 PW$_{12}$ 阴离子的 2 个氧原子(O2 和 O19)、4 个 bib 配体的 4 个氮原子(N7、N9、N11、N14)构成的。Cu2 是四配位的,采取"跷跷板"几何构型,它是由来自 1 个 PW$_{12}$ 阴离子的 2 个氧原子(O1 和 O8)、2 个 bib 配体的 2 个氮原子(N1 和 N3)构成的。Cu—N 键和 Cu—O 键键长分别为 1.90(3)~2.01(2) Å 和 2.46(2)~2.68(7) Å。

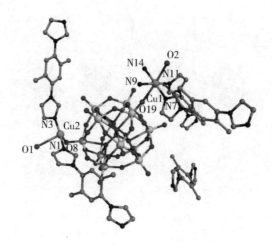

图 8 - 7　化合物 15 的单胞结构图

　　化合物 15 是由二维的 Cu - bib 波浪层和二维的 $PW_{12}$ - Cu - bib 悬臂层构成的复杂的三维结构,它的形成可以表述为:(1)一方面,Cu1 原子与 bib 配体形成(4,4)连接的二维 Cu1 - bib 层包含四边形窗口,每一个窗口尺寸为 13.254 Å × 13.342 Å,如图 8 - 8(a)所示。二维 Cu1 - bib 层在给出方向沿顺时针方向旋转 90°得到波浪层。另一方面,$PW_{12}$ 阴离子、Cu2 原子和 $\mu_1$ 与 $\mu_2$ 两种不同的 bib 配体通过 Cu—O 键和 Cu—N 键形成(6,3)连接的二维 $PW_{12}$ - Cu - bib 层,孔道大小为 13.542 Å × 24.346 Å。二维 $PW_{12}$ - Cu - bib 层沿顺时针方向旋转 90°得到多悬臂层,并且 $\mu_1$ - 型 bib 附加在层的两侧,如图 8 - 8(b)所示。(2)Cu - bib 波浪层和相邻的悬臂层通过 Cu1 - O8 键连接形成三维 POMOF 结构,如图 8 - 8(c)所示。化合物 15 也可以看成是以多酸为支撑单元的 POMOF 结构。为了清晰观测化合物 15 结构,笔者对其结构进行拓扑图分析,将 $PW_{12}$ 阴离子、Cu1 和 Cu2 阳离子分别看作 3 -、4 - 和 3 - 连接,化合物 15 是(3,4,3)连接的 $(6^1 \cdot 10^2)(4^4 \cdot 6^2)(6^2 \cdot 8^1)$ 拓扑结构(图 8 - 9)。

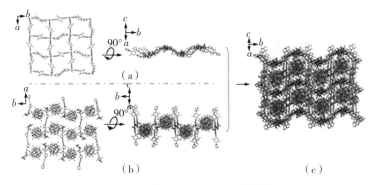

图 8 - 8　化合物 15 的三维框架形成

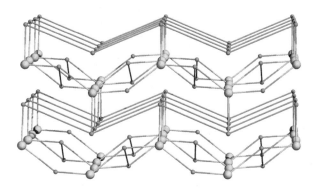

图 8 - 9　化合物 15 的三维多酸基金属 – 有机框架拓扑

#### 8.3.1.6　化合物 16 的结构

化合物 16 在 pH = 2.0~3.0 条件下获得。化合物 16 的单胞是由 1 个 Cu（Ⅱ）离子、2.5 个 bib 配体、1 个质子化 Dawson 型阴离子 $[H_2P_2W_{18}O_{62}]^{4-}$（简称 $P_2W_{18}$），1 个配位水分子、2 个游离水分子和 0.5 个游离的双质子化 bib 配体构成（图 8 - 10）。$P_2W_{18}$ 阴离子作为一个双齿无机配体连接两个对称的 Cu 离子。Cu1（Ⅱ）是六配位的，采取扭曲的八面体配位几何构型，它是由来自 3 个 bib 配体的 3 个氮原子（N1、N5、N9）、2 个 $P_2W_{18}$ 阴离子的 2 个氧原子（O29、O42）和 1 个结晶水分子（如图 8 - 10）。Cu—N 键和 Cu—O 键键长分别为 1.974（2）~ 2.008（3）Å 和 2.043（2）~2.611（3）Å，所有这些键都在含 Cu（Ⅱ）的合理键长范围内。

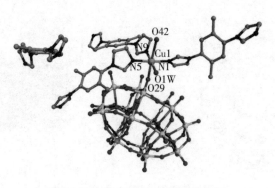

图 8 - 10    化合物 16 的单胞结构图

化合物 16 的一个结构特征就是不常见的 1D + 1D → 2D 叉指结构,它的构成可描述为:首先,$P_2W_{18}$ 阴离子作为双齿无机配体连接 Cu 原子形成一个无机链,这些相邻的无机链通过 $\mu_2$ - 型 bib 配体连接形成具有格子形窗口的无机 - 有机链,每一个窗口的尺寸为 7.55 Å × 13.30 Å(图 8 - 11)。将这些无机 - 有机链沿给定方向顺时针旋转 90° 得到悬臂链,$\mu_1$ - 型 bib 配体附加在悬臂链的两侧(图 8 - 11)。每一条链的孔道都为相邻链上的 $\mu_1$ - 型 bib 配体提供足够的空间以便形成 1D + 1D → 2D 叉指结构模型。在两个相邻层之间存在氢键作用,使得结构更加稳固(典型的氢键有:C12—H12···O12 = 3.39 Å,C2—H2···O61 = 3.14 Å,C3—H3···O28 = 3.18 Å)。

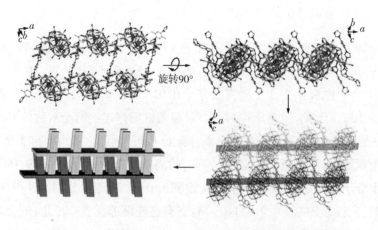

图 8 - 11    化合物 16 中 1D + 1D→2D 叉指结构形成过程

### 8.3.1.7　化合物 17 的结构

化合物 17 与化合物 16 合成相似,调节 pH = 3.4 ~ 3.8 的条件下获得。单晶 X 射线晶体结构分析显示,化合物 16 的单胞是由 3 个 Cu(Ⅰ)阳离子、3 个 bib 配体、一个 K 阳离子、一个 $P_2W_{18}$ 阴离子和 4 个水分子构成的(图 8 - 12)。

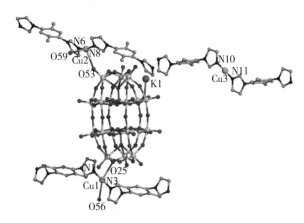

图 8 - 12　化合物 17 的单胞结构图

化合物 17 中包含 3 个晶体学独立的 Cu 离子,它们展示两种配位方式。Cu1(Ⅰ)和 Cu2(Ⅰ)是四配位的,采取"跷跷板"几何构型。它们分别是由来自 $P_2W_{18}$ 阴离子的 2 个氧原子(O25、O56 和 O53、O59)和 bib 配体的 2 个氮原子(N1、N3 和 N6、N8)连接形成的。Cu3(Ⅰ)是 2 配位的,采取线性配位几何构型与来自 2 个 bib 配体的 2 个氮原子(N10 和 N11)相连形成的(图 8 - 12)。Cu—N 键和 Cu—O 键键长分别为 1.86(2) ~ 1.91(3) Å 和 2.67(1) ~ 2.74(2) Å。

化合物 17 的结构体现在复杂的(1D + 3D)金属 - 有机准轮烷框架(MOPRF)。具体形成过程如下:$P_2W_{18}$ 阴离子连接 Cu1 和 Cu2 阳离子形成具有两种孔道的 2D 无机层。孔道尺寸大小 A 为 16.77 Å × 10.59 Å, B 为 8.27 Å × 11.66 Å(图 8 - 13)。$\mu_2$ - 型 bib 配体在相邻的无机层间柱状连接形成具有两种孔道(孔道 A 和 B)高度敞开式的三维框架结构(图 8 - 14)。在拓扑图中,每个 $P_2W_{18}$ 阴离子与 Cu1 和 Cu2 被视为 4 连接节点,化合物 17 是(4,4,4) - 连接框架,展示$(8^4 \cdot 6^2)(6^4 \cdot 8^2)(6^3 \cdot 8^3)$拓扑结构(图 8 - 14)。与此同时,Cu3 阳

离子连接 $\mu_2$ – 型 bib 配体形成无限的无机 – 有机链。最后,这个无限的无机 –
有机链穿过孔道 A 形成(1D + 3D)准轮烷框架结构(图 8 – 14)。

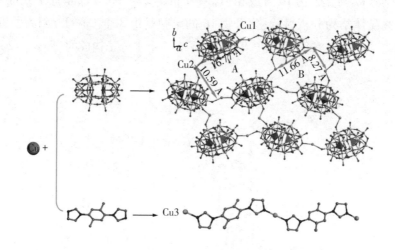

图 8 – 13    化合物 17 中无机层与 Cu3 – bib 链形成过程

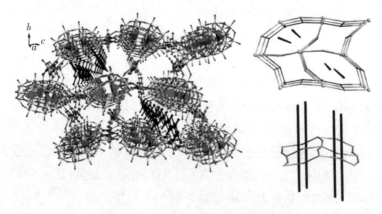

图 8 – 14    化合物 17 中准轮烷框架

## 8.3.2    化合物 12 ~ 17 的表征

### 8.3.2.1    化合物 12 ~ 17 的价键计算

化合物 12 ~ 17 中,通过价键计算,所有的 Mo 原子和 W 原子均为 +6 价。

通过价键计算、晶体颜色和配位环境分析得出:化合物 13 和 16 中铜原子为 +2 价,化合物 15 中铜原子 +1 和 +2 均存在,化合物 17 中铜原子为 +1 价。化合物 15 和 16 中原始材料中的 Cu(Ⅱ)阳离子被还原为 Cu(Ⅰ)阳离子,这种现象在基于含氮配体的水热反应中是十分常见的。此外,考虑到电荷平衡,化合物均是在酸性溶液条件下被合成出来的,在化合物 14 中,一个质子被加在 $PW_{12}$ 簇上,在化合物 16 和 17 中分别有两个质子加在 $P_2W_{18}$ 簇上,这些与报道的 $[Ag_2(3atrz)_2]_2[(HPMo_{10}^{VI}Mo_2^{V}O_{40})]$ 和 $[Ag_7(btp)_5(HP_2W_{16}^{VI}W_2^{V}O_{62})]\cdot H_2O$ 是相似的。

### 8.3.2.2 化合物 12~17 的红外光谱

化合物 12~17 的红外谱图如图 8–15。在红外谱图中,化合物 12 在 966 cm$^{-1}$、913 cm$^{-1}$、800 cm$^{-1}$ 和 709 cm$^{-1}$ 以及化合物 13 在 956 cm$^{-1}$、903 cm$^{-1}$、801 cm$^{-1}$ 和 693 cm$^{-1}$ 处显示的伸缩振动峰均为来自 $Mo_6$ 和 $Mo_8$ 阴离子中 $\nu(Mo=Ot)$ 和 $\nu_{as}(Mo-Oc-Mo)$ 键的伸缩振动。化合物 14~17 分别在 1094 cm$^{-1}$、951 cm$^{-1}$、913 cm$^{-1}$ 和 792 cm$^{-1}$;1086 cm$^{-1}$、953 cm$^{-1}$、913 cm$^{-1}$ 和 791 cm$^{-1}$;1089 cm$^{-1}$、958 cm$^{-1}$、913 cm$^{-1}$ 和 778 cm$^{-1}$;1088 cm$^{-1}$、951 cm$^{-1}$、906 cm$^{-1}$ 和 792 cm$^{-1}$ 处的峰均来自 $PW_{12}$ 和 $P_2W_{18}$ 阴离子的 $\nu(P-O)$、$\nu(W=Ot)$ 和 $\nu_{as}(W-Ob-W)$ 伸缩振动。此外,在 1625~1127 cm$^{-1}$ 处的峰是来源于化合物 12~17 中的 bib 配体的振动峰。

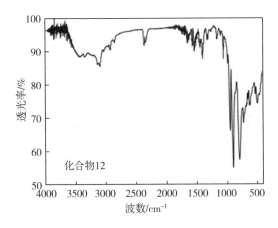

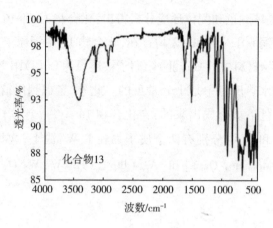

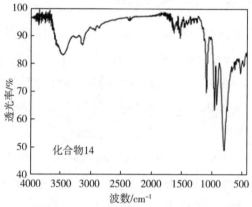

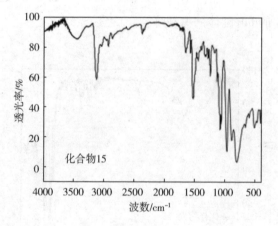

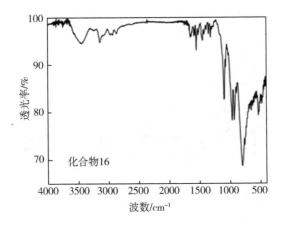

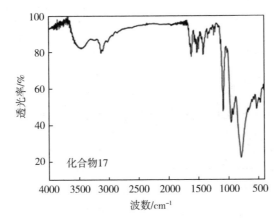

**图 8 – 15　化合物 12 ~ 17 的红外光谱**

## 8.3.2.3　化合物 12 ~ 17 的 X 射线粉末衍射

化合物 12 ~ 17 的 XRD 谱图如图 8 – 16 所示, 从实验谱图与模拟谱图比较来看, XRD 谱图中化合物 12 ~ 17 的主要峰位和模拟峰位基本相一致, 表明化合物 12 ~ 17 的纯度是比较好的。

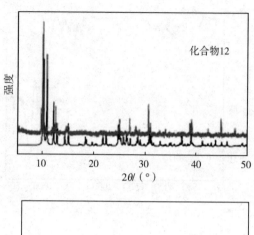

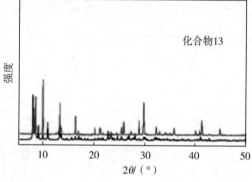

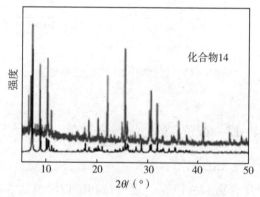

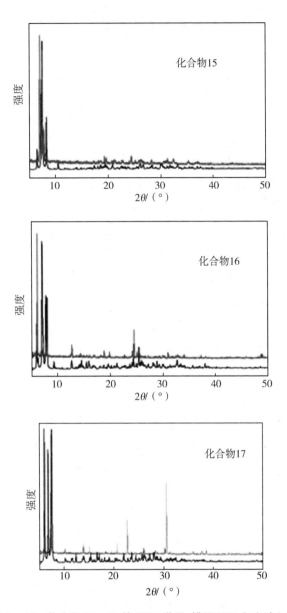

图 8 - 16　化合物 12 ~ 17 的 XRD 谱图,模拟(下)和实验(上)

### 8.3.3　化合物 12~17 的性质研究

#### 8.3.3.1　化合物 12~17 的电化学性质

本章以化合物 13、15 和 17 的碳糊电极(13 - CPE、15 - CPE 和 17 - CPE)为例研究它们的电化学性质。13 - CPE、15 - CPE 和 17 - CPE 的循环伏安曲线都是在 1 mol·L$^{-1}$ H$_2$SO$_4$ 溶液中测得的。图 8 - 17 为三支电极在不同扫速下的循环伏安曲线。从图 8 - 17(a)中可以看出 13 - CPE 在电势范围 +0.45~0.1 V 之间扫循环伏安出现两对可逆的氧化还原峰( I - I′, II - II′),平均峰电位分别为 +0.27 V( I - I′)和 +0.032 V( II - II′),归属于 Mo$^{VI}$/Mo$^V$ 的氧化还原过程。然而,13 - CPE 在扫循环伏安曲线中并没有出现 Cu 的特征峰,可能是 Mo$^{VI}$/Mo$^V$ 的氧化还原峰与之重叠所导致的,类似的现象也出现在先前的报道中。图 8 - 17(b)为 15 - CPE 在电势范围 +0.45~ -0.65 V 之间出现的三对氧化还原峰,它们的平均峰电位分别为 -0.074 V( II - II′)、-0.351 V( III - III′)和 -0.588 V( IV - IV′),归属于 W$^{VI}$/W$^V$ 的氧化还原过程,在峰电位为 +0.26 V 处还有一个单独的氧化峰 I,归属于铜离子的氧化还原过程。图 8 - 17(c)为 17 - CPE 在电势范围 +0.4~ -0.7 V 之间出现的三对氧化还原峰,平均峰电位分别为 -0.089 V( II - II′)、-0.314 V( III - III′)和 -0.573 V( IV - III′),归属于 W$^{VI}$/W$^V$ 的氧化还原过程,在 +0.21 V 处出现一个单独的氧化峰 I,与 15 - CPE 相似,归属于铜离子的氧化还原过程。

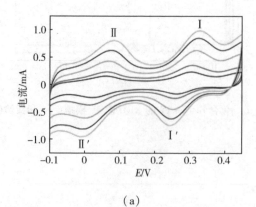

(a)

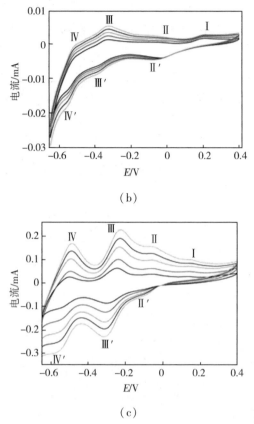

（b）

（c）

图 8 - 17　（a）13 - CPE、（b）15 - CPE 和（c）17 - CPE
在不同扫速的循环伏安曲线（从内到外扫速分别是:25 mV·s⁻¹、
50 mV·s⁻¹、75 mV·s⁻¹、100 mV·s⁻¹ 和 125 mV·s⁻¹）

### 8.3.3.2　化合物 12 ~ 17 的电催化性质

在上述电化学性质研究基础上,笔者进一步研究了 13 - CPE、15 - CPE 和
17 - CPE 在 1 mol·L⁻¹ H₂SO₄ 水溶液中对 IO₃⁻ 和 NO₂⁻ 的催化性能,结果如图
8 -18 所示。随着 IO₃⁻ 浓度的增加,还原峰电流也随之增大,而氧化峰电流随之
减小,说明 13 - CPE、15 - CPE 和 17 - CPE 对 IO₃⁻ 都有潜在的催化还原作用,插
图部分为阴极峰电流与 IO₃⁻ 浓度的线性关系。为进一步比较其催化活性可按
催化效率公式进行计算。如图 8 -20（a）所示,13 - CPE、15 - CPE 和 17 - CPE

对加入 60 mmol·L$^{-1}$ IO$_3^-$ 的催化效率分别为 34%、53% 和 118%。由此可以分析出,相比之下,17 – CPE 在检测 IO$_3^-$ 方面有更好的应用潜力。

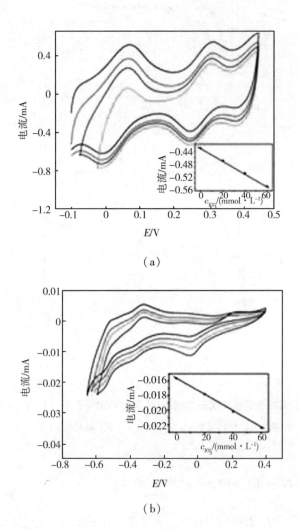

(a)

(b)

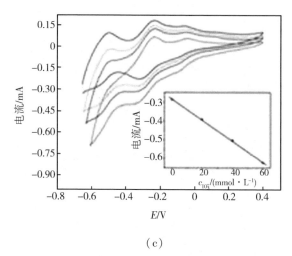

（c）

图 8 - 18　（a）13 - CPE、（b）15 - CPE、（c）17 - CPE 还原 $IO_3^-$ 的循环伏安
（$IO_3^-$ 的浓度由内到外分别为 0 mmol·$L^{-1}$、20 mmol·$L^{-1}$、40 mmol·$L^{-1}$、60 mmol·$L^{-1}$），
插图为阴极峰电流与 $IO_3^-$ 浓度的线性关系

　　电催化检测 $NO_2^-$ 结果如图 8 - 19 所示，13 - CPE 对 $NO_2^-$ 几乎不催化，在 15 - CPE 和 17 - CPE 的循环伏安中，随着 $NO_2^-$ 浓度的增加，还原峰电流也随之增大，而氧化峰电流随之减小，说明 15 - CPE 和 17 - CPE 对 $NO_2^-$ 也有催化还原作用，插图部分为阴极峰电流与 $NO_2^-$ 浓度的线性关系。根据上述公式计算对 $NO_2^-$ 的催化效率，结果如图 8 - 20（b）所示，13 - CPE、15 - CPE 和 17 - CPE 对加入 60 mmol·$L^{-1}$ $NO_2^-$ 的催化效率分别为 4%、79% 和 62%。由此可以看出，相比之下，15 - CPE 在检测 $NO_2^-$ 方面有更好的应用潜力。

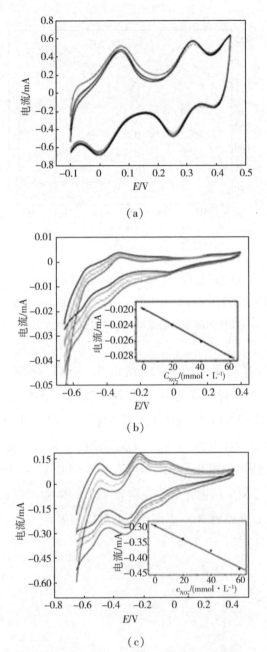

图 8 - 19　(a)13 - CPE、(b)15 - CPE、(c)17 - CPE 还原 NO$_2^-$ 的循环伏安

（NO$_2^-$ 的浓度由内到外分别为 0 mmol · L$^{-1}$、20 mmol · L$^{-1}$、40 mmol · L$^{-1}$、60 mmol · L$^{-1}$），

插图为对应的阴极峰电流与 NO$_2^-$ 浓度的线性关系

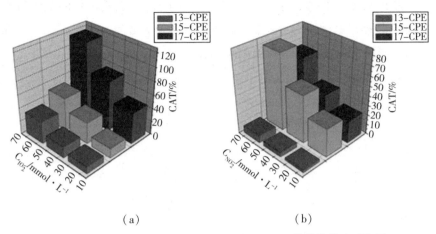

$$（a）\qquad\qquad（b）$$

图 8 – 20　碳糊电极催化还原（a）$IO_3^-$ 和（b）$NO_2^-$ 的催化效率对比图

## 8.4　本章小结

本章探究了不同 pH 值对 POMOF 结构的影响。与先前报道的针对 pH 值对结构影响不同,为了使这项研究更具有系统性和充实性,笔者同时将 $Mo_7$ 同多酸、Keggin 型 $PW_{12}$ 杂多酸和 Dawson 型 $P_2W_{18}$ 杂多酸引入 Cu – bib 反应体系,通过有效调节反应体系 pH 值,得到 6 个新颖的多酸基金属 – 有机框架结构。

在 $Mo_7$ 体系内,将 pH 值调到 1.5 ~ 2.5 范围,得到化合物 12,金属离子没有被引入结构中,它是一种由质子化的 bib 配体和 $Mo_6$ 多酸通过氢键作用形成的超分子结构。将体系的 pH 值调高到 3.2 ~ 3.9 范围,化合物 13 被合成出来,它展示了二维的 POMOF 结构。在 $PW_{12}$ 体系内,将 pH 值调到 2.5 ~ 3.5 范围,可以得到化合物 14,它与化合物 12 结构很相似,是一种由质子化的 bib 配体和 $PW_{12}$ 多酸通过氢键作用形成的超分子结构。进一步调节体系的 pH 值到 4.0 ~ 4.6 范围,化合物 15 被合成出来,它是以多酸为支撑单元的三维 POMOF 结构。在 $P_2W_{18}$ 体系内,将 pH 值调到 2.0 ~ 3.0 的范围,得到化合物 16,它展示了一维悬臂轨道链结构。体系的 pH 值调节到 3.4 ~ 3.8 范围,得到一个罕见的 3D + 1D 的准轮烷框架结构。

通过以上结果可以分析出,在 pH 值较低的体系内,由于酸性比较强,有机配体被质子化的倾向很大,导致无法与金属离子配位,被质子化的配体带有正电性,它直接通过氢键作用与多酸阴离子形成超分子结构。因此,在 Cu – bib – POM 的反应体系内,将体系 pH 值调高,更倾向于形成复杂的结构。

# 第9章 具有纳米管/笼结构的多酸基金属有机框架材料的制备及性能研究

## 9.1 引言

随着碳纳米管和碳纳米笼结构的发现,具有纳米管和纳米笼形的结构吸引了科学家的很大兴趣。近年来,具有纳米管和纳米笼结构的金属有机框架晶态材料倍受关注,其在分离、吸附和催化领域等具有潜在的应用价值。多酸化学的蓬勃发展,为新颖的具有功能特性的材料提供了物质基础。多酸以其结构多样、物理化学性能优异而闻名。目前国际上关于多酸的研究热点之一就是将其引入具有纳米管或是纳米笼的 MOF 中,形成 POMOF 晶态材料。这类功能材料既继承了 MOF 材料在分离、吸附等方面的性质,同时也能充分发挥 POM 本身具有的优异催化性能。科学家们也期待着将两者有效结合以获得更加独特的性能。

到目前为止,关于具有纳米管和纳米笼结构的 POMOF 的报道很少。很显然,合成具有纳米管和纳米笼结构的 POMOF 晶态材料的难度是很大的,同时也是具有挑战性的课题。通过对关于具有纳米管和纳米笼结构的 MOF 报道的深入研究,我们发现有两种方法去构建具有纳米管和纳米笼结构的 POMOF 晶态材料。第一种方法是选用现已报道过的具有纳米管和纳米笼结构的 MOF,将适合尺寸的 POM 引入纳米管或纳米笼当中。然而,这个方法看似目标明确,但是对于合成来说是非常困难的,因为通常来说具有纳米管和纳米笼结构的 MOF

是在低温溶剂热条件下合成出来的,多酸基杂化材料很难从这种低温溶剂热条件下合成出来。第二种方法是人们俗称的"一锅法",就是在水热条件下将多酸、金属和有机配体等一并搅拌后装入高压反应釜内反应。这个方法看似目的性不强,但是很有效果,因为 POM 自身可以在反应过程中作为模板剂来调控金属 – 有机笼和金属 – 有机管的尺寸。

本章利用第二种方法,选用 Dawson 型多酸和 Cu 离子,采用单配体和双配体体系,成功合成出 3 个具有纳米管结构的 POMOF 材料。选用 Keggin 型多酸、Ag 离子和多齿配体四氮唑,成功合成出 2 个同构的具有纳米笼结构的 POMOF 材料。

$$[Cu_4(btb)_6(H_2O)_2][As_2W_2^VW_{16}^{VI}O_{62}] \cdot 10H_2O \qquad (18)$$

$$[\{Cu_3(\mu_3-O)\}_2(trz)_6Cu_2(H_2O)_{13}][H_{1.73}P_2As_{1.73}W_{16.27}O_{62}] \cdot 8.25H_2O$$
$$(19)$$

$$[Cu_6^{II}(pzta)_6(bpy)_3(P_2W_{18}O_{62})] \cdot 2H_2O \qquad (20)$$

$$[Cu_6^{II}(pzta)_6(bpy)_3(As_2W_{18}O_{62})] \cdot 2H_2O \qquad (21)$$

$$Ag_{10}(tta)_4(H_2O)_4(SiW_9^{IV}W_3^VO_{40}) \qquad (22)$$

$$Ag_{10}(tta)_4(H_2O)_4(PW_{10}^{IV}W_2^VO_{40}) \qquad (23)$$

$$tta = tetrazolate$$

$$trz = 1,2,4 - 三氮唑$$

$$btb = 1,4 - bis(1,2,4 - triazol - 1 - y1)butane$$

## 9.2 材料的制备

$[Cu_4(btb)_6(H_2O)_2][As_2W_2^VW_{16}^{VI}O_{62}] \cdot 10H_2O$ (18)。将 $\alpha - K_6As_2W_{18}O_{62} \cdot 14H_2O$ (0.35 g,0.073 mmol $\cdot$ L$^{-1}$)、$Cu(NO_3)_2 \cdot 3H_2O$ (0.15 g,0.6 mmol $\cdot$ L$^{-1}$)、btb (0.085 g,0.44 mmol $\cdot$ L$^{-1}$)、三乙胺(0.2 mL)溶于 20 mL 蒸馏水中,室温下搅拌 1 h,用 1 mol $\cdot$ L$^{-1}$ NaOH 溶液将溶液 pH 值调到 3.8。将上述溶液装入聚四氟乙烯反应釜,在 170 ℃反应 4 天,得到绿色菱形状晶体。经水洗和干燥后,产率为 51% (按 W 计算)。元素分析,理论值(%):H 1.59,C 9.49,N 8.30,Cu 4.18,As 2.47,W 54.48;实验值(%):H 1.51,C 9.59,N 8.37,Cu 4.04,As 2.56,W 54.61。

$[\{Cu_3(\mu_3-O)\}_2(trz)_6Cu_2(H_2O)_{13}][H_{1.73}P_2As_{1.73}W_{16.27}O_{62}] \cdot 8.25H_2O$ (19)。将 $\alpha-K_6[P_2W_{18}O_{62}] \cdot 14H_2O$ (360 mg, 0.076 mmol · $L^{-1}$)、$As_2O_3$ (30 mg, 0.152 mmol · $L^{-1}$)、$CuCl_2 \cdot 2H_2O$ (150 mg, 0.88 mmol · $L^{-1}$)、trz (40 mg, 0.58 mmol · $L^{-1}$)、$NH_4VO_3$(60 mg, 0.5 mmol · $L^{-1}$)溶于 15 mL 蒸馏水中,在室温下搅拌 1 h,用 6 mol · $L^{-1}$ HCl 调节 pH 值为 4.5。将上述溶液装入 25 mL 聚四氟乙烯反应釜,在 160 ℃反应 4 天,以 10 ℃ · $h^{-1}$降至室温,得到绿色块状晶体。经水洗和干燥后,产率为 51%(按 Mo 计算)。元素分析,理论值(%):C 2.63,H 1.05,N 4.59,P 1.13,As 2.73,Cu 9.26,W,53.57。实验值(%):C 2.72,H 1.11,N 4.67,P 1.21,As 2.80,Cu 9.32,W 53.65。

$[Cu_6^{II}(pzta)_6(bpy)_3(P_2W_{18}O_{62})] \cdot 2H_2O$ (20)。将 $\alpha-K_6P_2W_{18}O_{62} \cdot 15H_2O$ (0.48 g, 0.1 mmol · $L^{-1}$)、$Cu(NO_3)_2 \cdot 3H_2O$ (0.15 g, 0.6 mmol · $L^{-1}$)、pzta (0.059 g, 0.4 mmol · $L^{-1}$)、bpy (0.057 g, 0.3 mmol · $L^{-1}$)溶于 15 mL 蒸馏水中,室温下搅拌 1 h,溶液 pH 值用 6 mol · $L^{-1}$ HCl 溶液调到 3.3。将上述溶液装入聚四氟乙烯反应釜,在 170 ℃下反应 4 天,得到绿色多面体块状晶体。经水洗和干燥后,产率为 53%(按 W 计算)。元素分析,理论值(%):C 11.75,H 0.76,N 9.59,P 1.01,Cu 6.22,W 53.97。实验值(%):C 11.63,H 0.87,N 9.47,P 0.96,Cu 6.33,W 53.81。

$[Cu_6^{II}(pzta)_6(bpy)_3(As_2W_{18}O_{62})] \cdot 2H_2O$ (21)。与化合物 20 的合成方法相似,其他条件不变,只是将 $\alpha-K_6P_2W_{18}O_{62} \cdot 15H_2O$ 替换为 $\alpha-K_6As_2W_{18}O_{62} \cdot 15H_2O$,得到绿色多面体块状晶体,经水洗和干燥后,产率为 53%(按 W 计算)。元素分析,理论值(%):C 11.59,H 0.75,N 9.46,As 2.41,Cu 6.13,W 53.21。实验值(%):C 11.63,H 0.81,N 9.52,As 2.49,Cu 6.23,W 53.42。

$Ag_{10}(tta)_4(H_2O)_4(SiW_{10}^{IV}W_2^{V}O_{40})$ (22)。将 $H_4SiW_{12}O_{40}$ (0.48 g, 0.1 mmol · $L^{-1}$)、$AgNO_3$(0.17 g, 1 mmol · $L^{-1}$)、tta (0.036 g, 0.5 mmol · $L^{-1}$)和 $NH_4VO_3$(0.06 g, 0.5 mmol · $L^{-1}$)溶于 15 mL 蒸馏水中,室温下搅拌 1 h,用 1 mol · $L^{-1}$ NaOH 溶液将 pH 值调到 2.4 左右。将上述溶液装入聚四氟乙烯反应釜,在 170 ℃反应 4 天,得到红色多面体块状晶体。经水洗和干燥后,产率为 51%(按 W 计算)。元素分析,理论值(%):C 11.75,H 0.76,N 9.59,P 1.01,Cu 6.22,W 53.97。实验值(%):C 11.63,H 0.87,N 9.47,P 0.96,Cu 6.33,W 53.86。

$Ag_{10}(tta)_4(H_2O)_4(PW_9^{IV}W_3^VO_{40})$（23）。化合物 23 的合成方法与化合物 22 相似，其他条件不变，只是将 $H_4SiW_{12}O_{40}$ 替换成 $H_3PW_{12}O_{40}$，得到红色多面体块状晶体。经水洗和干燥后，产率为 49%（按 W 计算）。元素分析，理论值(%)：C 11.75，H 0.76，N 9.59，P 1.01，Cu 6.22，W 53.97。实验值(%)：C 11.63，H 0.87，N 9.47，P 0.96，Cu 6.33，W 53.86。

# 9.3 具有纳米管结构的 POMOF 材料的性质研究

## 9.3.1 化合物 18～20 的结构

### 9.3.1.1 X 射线晶体学测定

晶体学数据用单晶衍射仪收集。采用 Mo–Kα（λ = 0.71037 Å），在 293 K 下测试。晶体结构采用 SHELXTL 软件解析，并用最小二乘法 $F^2$ 精修。化合物 18～20 的晶体学数据信息见表 9–1。

表 9–1  化合物 18～21 的晶体学数据

| 化合物 | 18 | 19 | 20 | 21 |
|---|---|---|---|---|
| 分子式 | $C_{48}H_{82}As_2Cu_4$ $N_{36}O_{67}W_{18}$ | $C_{12}H_{56.23}As_{1.73}P_2$ $Cu_8N_{18}O_{85.25}W_{16.27}$ | $C_{60}H_{46}P_2Cu_6N_{42}$ $O_{64}W_{18}$ | $C_{60}H_{46}As_2Cu_6N_{42}$ $O_{64}W_{18}$ |
| 相对分子质量 | 5948.58 | 5508.08 | 6131.72 | 6219.62 |
| 晶系 | Monoclinic | Monoclinic | Rhombohedral | Rhombohedral |
| 空间群 | $C2/c$ | $P2(1)/c$ | $R-3$ | $R-3$ |
| $a/Å$ | 16.207(5) | 18.478(5) | 25.000(5) | 24.991(5) |
| $b/Å$ | 25.341(5) | 14.872(5) | 25.000(5) | 24.991(5) |
| $c/Å$ | 29.606(5) | 33.155(5) | 33.342(5) | 33.361(5) |
| $α/(°)$ | 90 | 90 | 90 | 90 |
| $β/(°)$ | 92.522(5) | 97.799(5) | 90 | 90 |
| $γ/(°)$ | 90 | 90 | 120 | 120 |
| $V/Å^3$ | 12148(5) | 9027(4) | 18047(9) | 18044(9) |

续表

| 化合物 | 18 | 19 | 20 | 21 |
|---|---|---|---|---|
| $Z$ | 4 | 4 | 6 | 6 |
| $D_{calcd}/(g \cdot cm^{-3})$ | 3.221 | 4.020 | 3.365 | 3.414 |
| $T/K$ | 293(2) | 293(2) | 293(2) | 293(2) |
| Absorption coeff. $\mu/mm^{-1}$ | 18.286 | | 18.294 | 18.816 |
| $\theta_{max}, \theta_{min}/(°)$ | 27.71,2.50 | | 27.70,1.12 | 25.74,1.12 |
| $F(000)$ | 1896.0 | | 16368.0 | 16584.0 |
| Independent reflections | 10703 [$R(int)=$ 0.0730] | | 8734 [$R(int)=$ 0.0470] | 7672 [$R(int)=$ 0.1407] |
| Goodness - of - fit on $F^2$ | 0.898 | 0.973 | 1.037 | 1.003 |
| $R_1/wR_2$ [$I \geqslant 2\sigma(I)$] | 0.0589/ 0.1634 | 0.0484/0.1027 | 0.0398/0.0984 | 0.0970/0.2416 |

### 9.3.1.2　化合物 18 的结构

X 射线单晶结构分析显示,化合物 18 的单胞中包含 1 个 $[As_2 W_2^V W_{16}^{VI} O_{62}]^{8-}$(简写为 $As_2 W_{18}$)多阴离子、4 个 Cu 离子、6 个 btb 配体和 2 个配位水分子,如图 9 -1(a)所示。还原态的 $As_2 W_{18}$ 多阴离子显示出一种经典的 Dawson 型结构,与饱和的 Dawson 型多酸阴离子相比,还原态的 $As_2 W_{18}$ 多阴离子拥有更高的电荷密度,有助于形成连接数更高、更加复杂的结构。如图 9 -1(b)所示,还原态的 $As_2 W_{18}$ 多阴离子作为 8 齿无机配体共价连接 8 个 Cu 离子。在化合物 18 的结构中,有 3 个晶体学独立的 Cu 离子,它们显示出相似的扭曲八面体配位几何构型。Cu1 和 Cu2 的配位环境是相同的,与 2 个来自 $As_2 W_{18}$ 多阴离子的氧原子和 4 个来自 btb 配体的氮原子配位。Cu3 与来自 2 个水分子和 2 个 $As_2 W_{18}$

多阴离子的 4 个氧原子和来自 btb 配体的 2 个氮原子配位。Cu—N 键键长为 1.96(3)~2.10(2) Å,Cu—O 键键长为 1.97(2)~2.39(2) Å,N—Cu—N 键键角为 81.0(10)~180.0(9)°,N—Cu—O 键键角为 87.5(4)~92.5(4)°。

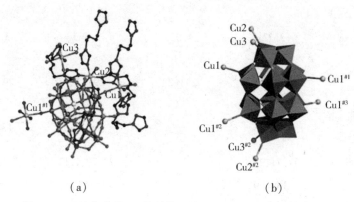

（a） （b）

图 9-1  (a)化合物 18 的单胞结构;(b)As$_2$W$_{18}$簇的配位方式

化合物 18 的一个结构特征是具有 48 元大环的二维波浪层,它是一对由左、右手螺旋链和一个内消旋螺旋链构建而成的。化合物 18 中包含 4 个晶体学独立的 btb 配体(btb1、btb2、btb3 和 btb4)。它们展示出"U"和"Z"两种构象模式。与此同时,btb 配体也有 $\mu_2$ 和 $\mu_3$ 两种配位模式。如图 9-2 所示,btb1 和 btb2 均采取 $\mu_2$ 模式连接 Cu1 形成左、右手螺旋链,btb4 采取 $\mu_3$ 模式连接 Cu2 和 Cu3 形成一个内消旋螺旋链。事实上,目前只有两例同时拥有螺旋链和内消旋链的多酸基螺旋化合物被报道。因此,化合物 18 代表另一例新颖的具有螺旋和内消旋共存的化合物。

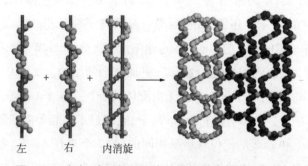

左 右 内消旋

图 9-2  由左、右手螺旋和内消旋螺旋构建成的二维层

化合物 18 的另一个结构特征是复杂的三维 POMOF 框架,它的形成过程如下:btb3 采用 $\mu_2$ 模式连接平行的二维波浪层,形成了具有两种类型纳米管的孔道(A 和 B)。最终,8 连接的 $As_2W_{18}$ 多阴离子作为客体分子填充在三维 MOF 的孔道 B 内,形成三维 POMOF 结构(图 9 - 3)。

从拓扑角度分析,如果每个 Cu1 和 Cu2 被考虑作为 6 连接点,Cu3 和 $As_2$ $W_{18}$ 分别作为 4 连接点和 8 连接点。化合物 1 的结构可以简化为一个新颖的 $(4,6,6,8)$ 连接的框架具有 $(3^2 \cdot 4^2 \cdot 5^2)(3^3 \cdot 4^5 \cdot 5^3 \cdot 6^4)_2(3^6 \cdot 4^9 \cdot 5^9 \cdot 6^4)$ 拓扑结构(图 9 - 3)。

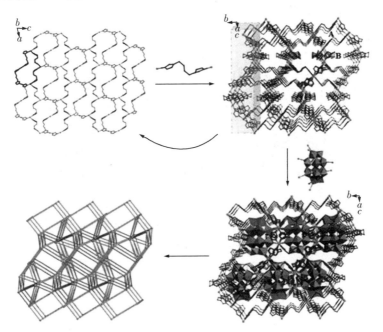

图 9 - 3　由 48 元大环的二维波浪层三维多酸基金属 - 有机框架结构及其拓扑结构

## 9.3.1.3　化合物 19 的结构

如图 9 - 4(a)所示,X 射线晶体结构分析表明,化合物 19 的单体结构是由 1 个 $P_2(As/W)_{18}$ 多酸团簇、2 个三核铜二级建筑单元(SBU)[$Cu_3(\mu_3 - O)$ $(trz)_3$]$^+$、2 个铜阳离子(Cu7 和 Cu8)和 11 个配位水分子形成。化合物 19 中的 $P_2(As/W)_{18}$ 多酸团簇呈相似的经典 Dawson 型结构,可想象为包含 2 个[$PW_9$

$O_{34}]^{9-}$ 单位,由 $\alpha$ – Keggin 多酸团簇通过去除一组三个角共享的 $WO_6$ 八面体。
P—O 键和 W—O 键键长在正常范围内。$P_2(As/W)_{18}$ 多酸团簇作为 7 齿无机配
体共配位七个 Cu 离子(Cu1、Cu2、Cu3、Cu4、Cu5、Cu6 和 Cu7),如图 9 – 4(b)所
示。如图 9 – 5 所示,Cu1、Cu2、Cu3 和 Cu4、Cu5、Cu6 的配位环境是相同的,由一
个 $\mu_3$ – O 原子和 3 个 trz 配体配位形成三核铜二级建筑单元(SBU1 和 SBU2)。
Cu7 离子由 $P_2(As/W)_{18}$ 多酸团簇中的 1 个氧原子、3 个 trz 配体中的 3 个氮原
子和水分子中的 1 个氧原子配位。Cu8 离子由 2 个 trz 配体中的 2 个氮原子和
水分子中的 3 个氧原子配位。所有键的长度和角度都在其他含 Cu(Ⅱ)配合物
中观察到的正常范围内。

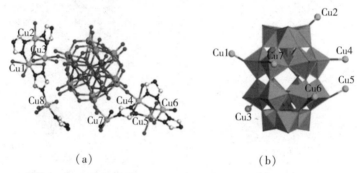

(a)　　　　　　　　　　　(b)

图 9 – 4　(a)化合物 19 的晶体结构单元;(b)$P_2(As/W)_{18}$
多酸团簇配位模式的多面体/球表示

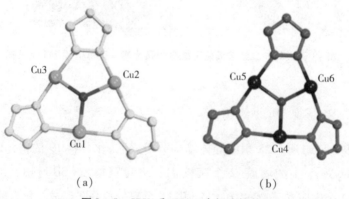

(a)　　　　　　　　　　　(b)

图 9 – 5　SBU1 和 SBU2 次级建筑单元

化合物 19 的结构特征之一是通过外部嵌入 2 个 A 环和一个 B 环来构造具有 $Cu_{38}(trz)_{30}$ 宏观循环的 2D 波浪层。A 环和 B 环表现出两种不同的构造模式：Cu8 – SBU2 – SBU1 – Cu8（A）和 Cu8 – SBU2 – Cu7 – SBU2 – Cu7 – SBU2 – SBU1 – Cu8（B）（图 9 – 6）。它们结合得到了 $Cu_{38}(trz)_{30}$ 大环，大环尺寸为 15.30 Å × 20.66 Å。据我们所知，它代表了迄今为止基于多核金属 – trz 体系大环的罕见例子。

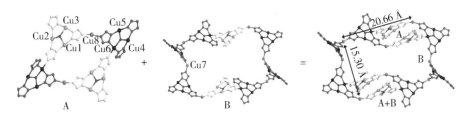

**图 9 – 6  化合物 19 的 $Cu_{38}(trz)_{30}$ 大环**

化合物 19 的另一个结构特征是由基于双 Dawson 多酸团簇作为模板的新型过渡金属多酸团簇基 – 金属有机纳米管框架，说明如下：形成的一维 MONT 由 $Cu_{38}(trz)_{30}$ 大环通过交替链接 Cu7 离子形成，如图 9 – 7(b)所示。该 MONT 通过 Cu7 和 Cu8 离子连接到它周围的 6 个 MONT，以构建一个罕见的 3D 风车状多孔纳米管，如图 9 – 7(a)所示。这些相同的 3D 风车状管道是相互序列填充的，其中双 $P_2(As/W)_{18}$ 多酸团簇作为模板被 $Cu_{38}(trz)_{30}$ 大环窗口封装，如图 9 – 7(c)所示。这种独特的填充排列在降低分子间相互排斥和稳定整个晶体结构方面起着重要的作用。因此，化合物 19 代表了第一个基于双 $P_2(As/W)_{18}$ 多酸团簇作为模板的新型过渡金属多酸团簇基 – 金属有机纳米管框架。

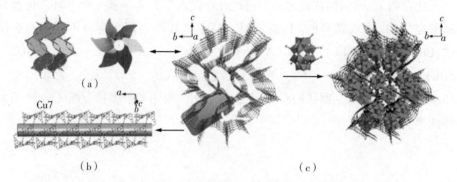

图 9-7 (a)3D 风车状纳米管状框架;(b)化合物 19 的 1D MONT 结构;
(c)双 Dawson 型 $P_2(As/W)_{18}$ 多酸团簇基金属有机纳米管

## 9.3.2 化合物 19 的表征

### 9.3.2.1 化合物 19 的价键计算

对化合物 19 进行 BVS 价键计算、配位环境、晶体颜色和电荷平衡确定,所有的 W 原子都是 +6 价,所有的 Cu 都是 +2 价。

### 9.3.2.2 化合物 19 的红外光谱

如图 9-8 所示,在化合物 19 的红外光谱中,特征峰在 1083 $cm^{-1}$、951 $cm^{-1}$、915 $cm^{-1}$ 和 791 $cm^{-1}$ 归属于 $\nu(P—O)$、$\nu(W=Ot)$、$\nu_{as}(W—Ob—W)$ 和 $\nu_{as}(W—Oc—W)$ 的伸缩振动。与经典的 Dawson 型 $P_2W_{18}$ 多酸阴离子相比较,化合物 19 在 $780 \sim 1090\ cm^{-1}$ 范围内具有相似的峰,但由于多酸阴离子与 $Cu^{2+}$ 阳离子在固态中的相互作用,峰位略有偏移,这表明标题化合物中的 $P_2(As/W)_{18}$ 多酸团簇仍然保留了 Dawson 型多酸团簇的基本结构。在 $1618 \sim 1170\ cm^{-1}$ 区域范围内可以被指定为化合物 19 中 trz 配体的特征峰。

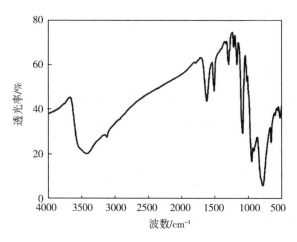

图 9 - 8  化合物 19 的红外光谱

### 9.3.2.3  化合物 19 的 X 射线粉末衍射

如图 9 - 9 所示,通过比较化合物 19 的实验谱图、模拟谱图和在 1 mol · L⁻¹ $H_2SO_4$ 浸泡下的 XRD 谱图,表明化合物 19 具有较好的纯度和良好的稳定性。

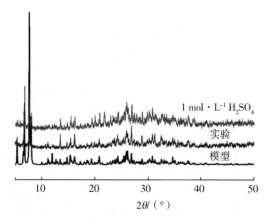

图 9 - 9  化合物 19 的 XRD 谱图

### 9.3.3 化合物19的电化学性质研究

#### 9.3.3.1 化合物19的电化学性质

选择价格低廉、易于制备和处理的改性玻碳电极(GCE)在三电极体系中研究化合物19的电化学性质,对化合物19进行循环伏安法测试和电化学电催化性质的研究。

在不同扫描速率下,$1 \ mol \cdot L^{-1} \ H_2SO_4$ 水溶液中19-GCE的循环伏安图如图9-10所示。在扫速为50 mV·s$^{-1}$,电势范围在 $-0.55V \sim 0.25V$ 之间出现三对氧化还原峰,其平均峰电位计算公式为:

$$E_{1/2} = (E_{pa} + E_{pc})/2 \qquad (9-1)$$

三对氧化还原峰平均峰电位分别为 $-0.28$ V(Ⅱ-Ⅱ′)、$-0.37$V(Ⅲ-Ⅲ′)、$-0.45$V(Ⅳ-Ⅳ′),这可归因于三个双电子钨为中心($W^{Ⅵ} \rightarrow W^{Ⅴ}$)的氧化还原过程。此外,在 $+0.15$ V处有一个不可逆阳极峰(Ⅰ),它被指定为化合物19中单电子铜中心($Cu^{Ⅱ} \rightarrow Cu^{Ⅰ}$)的氧化。如图9-9插图所示,当扫描速率从 $0.05 \ V \cdot s^{-1}$ 增加到 $0.4 \ V \cdot s^{-1}$ 时,19-GCE的阴极峰电流和相应的阳极峰电流同时增加,这表明19-GCE的氧化还原过程受表面控制,电子的交换速率很快。

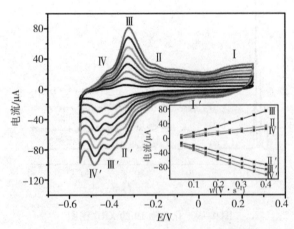

图9-9  19-GCE在不同扫描速率的循环伏安图

(由内到外:0.05 V·s$^{-1}$、0.1 V·s$^{-1}$、0.15 V·s$^{-1}$、0.2 V·s$^{-1}$、0.25 V·s$^{-1}$、0.3 V·s$^{-1}$、0.35 V·s$^{-1}$、0.4 V·s$^{-1}$),插图表示氧化还原峰Ⅱ、Ⅲ和Ⅳ的电流与扫速的线性关系

### 9.3.3.2　化合物 19 的电催化性质

本章研究了 19 - GCE 对溴酸盐($BrO_3^-$)、氯酸盐($ClO_3^-$)、过氧化氢($H_2O_2$)和 AA 的电催化性能。结果表明,19 - GCE 对 $BrO_3^-$ 和 AA 具有良好的电催化活性,对 $ClO_3^-$ 和 $H_2O_2$ 没有明显的电催化活性。如图 9 - 10 所示,化合物 19 展现了对还原 $BrO_3^-$ 和氧化 AA 具有良好的电催化活性。随着 $BrO_3^-$ 的加入,阴极峰 Ⅳ 的电流显著增加,相应的阳极峰电流减小,如图 9 - 10(a)所示。随着 AA 的加入,阳极峰 Ⅰ 的电流显著增加,相应的阴极峰电流减小,如图 9 - 10(b)所示。图 9 - 10 中的插图显示了对应氧化还原峰电流与催化活性物质浓度之间的关系。此外笔者比较了母体过渡金属多酸团簇($NBu_4$)$_6$[$P_2W_{18}O_{62}$]和化合物 19 的电催化活性,如图 9 - 11 所示,母体($NBu_4$)$_6$[$P_2W_{18}O_{62}$]对于还原 $BrO_3^-$ 和氧化 AA 没有明显的电催化活性。电化学研究表明,化合物 19 对 $BrO_3^-$ 的还原和 AA 的氧化具有优异的电催化活性,这是由于化合物 19 独特的 3D 金属 – 有机纳米管结构,提高了电催化活性。19 - GCE 对 $BrO_3^-$ 的反应机理可以用以下电化学反应方程式来描述:

$$P_2As_{1.73}W^{Ⅵ}_{16.27}O_{62}{}^{6-} + 2H^+ + 2e^- \longrightarrow H_2P_2As_{1.73}W^{Ⅵ}_{14.27}W^{Ⅴ}_2O_{62}{}^{6-} \quad (9-2)$$

$$H_2P_2As_{1.73}W^{Ⅵ}_{14.27}W^{Ⅴ}_2O_{62}{}^{6-} + 2H^+ + 2e^- \longrightarrow H_4P_2As_{1.73}W^{Ⅵ}_{12.27}W^{Ⅴ}_4O_{62}{}^{6-}$$
$$(9-3)$$

$$H_4P_2As_{1.73}W^{Ⅵ}_{12.27}W^{Ⅴ}_4O_{62}{}^{6-} + 2H^+ + 2e^- \longrightarrow H_6P_2As_{1.73}W^{Ⅵ}_{10.27}W^{Ⅴ}_6O_{62}{}^{6-}$$
$$(9-4)$$

催化化学步骤:

$$H_6P_2As_{1.73}W^{Ⅵ}_{10.27}W^{Ⅴ}_6O_{62}{}^{6-} + BrO_3^- \longrightarrow P_2As_{1.73}W^{Ⅵ}_{16.27}O_{62}{}^{6-} + Br^- + 3H_2O$$
$$(9-5)$$

19 - GCE 对 AA 氧化为脱氢抗坏血酸(DHAA)的电催化行为可以通过以下机制来解释:

$$2Cu^{2+} + AA \longrightarrow 2Cu^+ + DHAA + 2H^+ \quad (9-6)$$

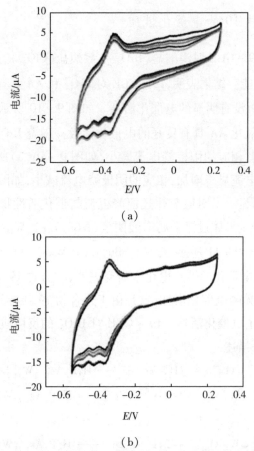

（a）

（b）

图 9 - 10　19 - GCE 还原 ClO$_3^-$（a）和 H$_2$O$_2$（b）的
循环伏安曲线（扫描速率：0.1 V · s$^{-1}$，ClO$_3^-$ 和 H$_2$O$_2$ 的浓度为 0、
0.1 mmol · L$^{-1}$、0.2 mmol · L$^{-1}$、0.3 mmol · L$^{-1}$、0.4 mmol · L$^{-1}$、0.5 mmol · L$^{-1}$）

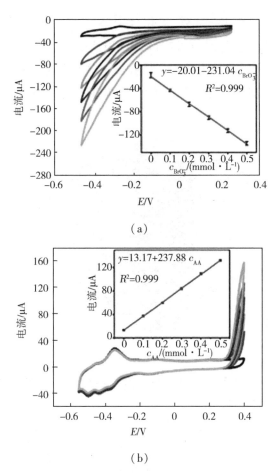

图 9 - 11　19 - GCE 还原 $BrO_3^-$（a）和氧化 AA（b）的
循环伏安曲线（扫描速率：$0.1V \cdot s^{-1}$，$BrO_3^-$ 和 AA 的浓度为 0、
$0.1 \ mmol \cdot L^{-1}$、$0.2 \ mmol \cdot L^{-1}$、$0.3 \ mmol \cdot L^{-1}$、$0.4 \ mmol \cdot L^{-1}$、$0.5 \ mmol \cdot L^{-1}$），
插图表示阴极峰 IV 还原 $BrO_3^-$（a）和阳极峰 I 氧化 AA（b）的催化电流线性曲线

为了进一步研究 19 - GCE 电催化活性的高低，按催化效率公式进行计算：
$$CAT = 100\% \times [I_p(POM, substrate) - I_p(POM)]/I_p(POM) \quad (9-7)$$
其中，$I_p(POM, substrate)$ 表示溶液中存在底物情况下的催化电流，$I_p(POM)$ 表示不存在底物的情况下的催化电流。如图 9 - 12 所示，19 - GCE 对加入 $0.5 \ mmol \cdot L^{-1}$ AA、$BrO_3^-$、$H_2O_2$ 和 $ClO_3^-$ 的催化效率分别为 896.8%、848.4%、20.8% 和 18.2%。从电催化结果中发现 19 - GCE 对还原 $BrO_3^-$ 和氧化 AA 具

有非常明显的电催化效果。此外,对化合物 19 与报道的过渡金属多酸团簇基晶态材料的氧化 AA 电催化活性进行对比(表 9 - 2)。此外,对 19 - GCE 进行 100 圈的循环伏安测试。如图 9 - 13 所示,经过 100 圈循环伏安测试,峰电流信号基本没有损失,表明化合物 19 具有良好的电化学稳定性。

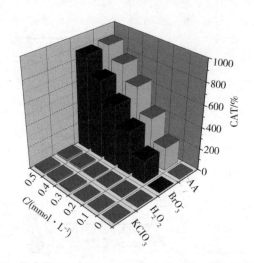

图 9 - 12    化合物 19 对 AA,$BrO_3^-$,$H_2O_2$ 和 $ClO_3^-$ 催化效率的对比图

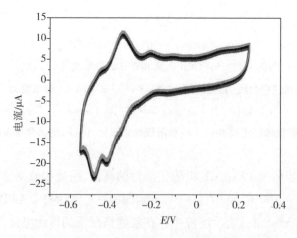

图 9 - 13    对 19 - GCE 进行 100 圈循环伏安的测试

表 9 - 2　化合物 19 与过渡金属多酸团簇基晶态材料的氧化 AA 电化学性能的比较

| 晶态材料 | $c_{AA}/(mmol \cdot L^{-1})$ | 电催化效率/% |
|---|---|---|
| $Cu_5(pzta)_6(H_2O)_2[Mo_8O_{26}]$ | 0.3 | 77.8 |
| $\{[Co(L)_4][HPMo_8V_4^VO_{40}(V^{IV}O)_2]\}$ | 0.8 | 43.0 |
| $[Cu(Pz)](V_4O_{10})$ | 6.0 | 208.3 |
| $(Hbib)_2[Cu(bib)(PMo_{12}O_{40})] \cdot 2H_2O$ | 0.4 | 134.0 |
| $[\{Cu_3(\mu_3-O)\}_2(trz)_6Cu_2(H_2O)_{13}][H_{1.73}P_2As_{1.73}$ $W_{16.27}O_{62}] \cdot 8.45H_2O$ | 0.5 | 896.8 |

### 9.3.3.3　化合物 19 和 20 的结构

X 射线晶体结构分析表明,化合物 19 和 20 是同构的,下面以化合物 19 为例,对其结构进行描述。化合物 19 的单胞是由 1 个 $[P_2W_{18}O_{62}]^{6-}$ 多阴离子(以下简写为 $P_2W_{18}$)、6 个 Cu 离子、6 个 pzta 配体、3 个 bpy 配体和 2 个游离水分子构成的。化合物 20 的结构中有 3 个晶体学独立的 Cu 离子,Cu1 和 Cu2 均是采取 6 配位扭曲的八面体几何构型,但是它们的配位环境是不同的。Cu1 与 2 个来自 $P_2W_{18}$ 多阴离子的 2 个氧原子和 2 个 pzta 配体的 4 个氮原子配位。Cu2 与来自 $P_2W_{18}$ 多阴离子的 2 个氧原子、2 个 pzta 配体和 2 个 bpy 配体的 4 个氮原子配位。Cu3 采取 5 配位的三角双锥的几何构型,与 $P_2W_{18}$ 多阴离子的 1 个氧原子和 3 个 pzta 配体和 2 个 bpy 配体的 4 个氮原子配位。Cu—O 键键长是 2.220(7)~2.426(8) Å,Cu—N 键键长是 1.950(9)~2.092(10) Å。所有的这些键长均在合理的范围内。

所有的 pzta 配体在反应期间均被去质子化,它们与 Cu 离子配位有桥联和螯合两种模式。6 个 pzta 配体桥联 6 个 Cu 离子形成两种[Cu6(pzta)6]大环(A 和 B)。同时,2 个 pzta 配体螯合连接 1 个 Cu 离子形成一个[Cu(pzta)2]片段。化合物 19 的一个特征是它的胶囊形的亚单元。它是由 6 个桥联的[Cu(pzta)2]片段、6 个桥联的 bpy 配体连接 2 个大环 A 和 1 个大环 B 构建而成。化合物的另外一个特征是一维金属有机纳米管,它是由 6 个 bpy 配体桥联胶囊形的亚单元形成的(图 9-14)。它的结构外形与碳纳米管相似,这个金属有机纳米管具有内部直径为 1.4 nm 的孔道,$P_2W_{18}$ 多阴离子作为 9 连接片段被填充在孔道里。进一步,这个填充多酸的金属有机纳米管彼此通过管壁间的 Cu1 和 Cu2 连接形成经典的 POMOF 结构(图9-15)。据我们所知,化合物 19 和 20 代表第一例具有一维金属有机纳米管结构的 POMOF 材料。

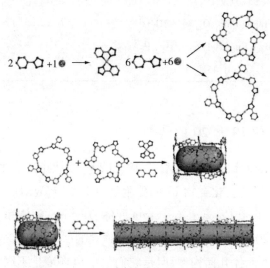

图9-14 一维金属有机纳米管形成过程

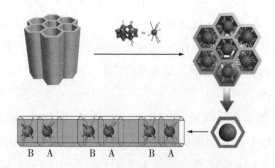

图9-15 三维多酸基金属有机框架的形成过程

### 9.3.4　化合物 18~20 的表征

#### 9.3.4.1　化合物 18 的光电子能谱

根据价键计算和电荷平衡原理,化合物 18 中钨元素存在变价。为了准确地确定这一点,笔者对化合物 18 进行了 XPS 测试。由图 9-16 可知,在化合物 18 中,W $4f_{5/2}$ 及 W $4f_{7/2}$ 经 XPS 测试检测到的结合能分别为 37.21 eV 和 35.12 eV,并且钨元素出现分峰,表明钨存在变价,五价钨和六价钨的比例约为 1:8。

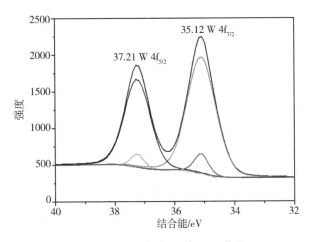

图 9-16　化合物 18 的 XPS 谱图

#### 9.3.4.2　化合物 18~20 的红外光谱

如图 9-17 所示,在化合物 18~20 的红外光谱中,化合物 18 的特征峰在 1096 cm$^{-1}$、961 cm$^{-1}$、869 cm$^{-1}$ 和 784 cm$^{-1}$ 处归属于 $\nu(As—O)$、$\nu(W\!=\!Ot)$、$\nu_{as}(W—Ob—W)$ 和 $\nu_{as}(W—Oc—W)$ 伸缩振动。化合物 19 的特征峰在 1075 cm$^{-1}$、947 cm$^{-1}$、853 cm$^{-1}$ 和 773 cm$^{-1}$ 处归属于 $\nu(P—O)$、$\nu(W\!=\!Ot)$、$\nu_{as}(W—Ob—W)$ 和 $\nu_{as}(W—Oc—W)$ 伸缩振动。化合物 20 的特征峰在 1067 cm$^{-1}$、931 cm$^{-1}$、872 cm$^{-1}$ 和 779 cm$^{-1}$ 处归属于 $\nu(As—O)$、$\nu(W\!=\!Ot)$、$\nu_{as}(W—Ob—W)$ 和 $\nu_{as}(W—Oc—W)$ 伸缩振动。此外,振动峰在 1650~1150 cm$^{-1}$ 的范围归属于化合

物 18~20 中有机配体的振动峰。

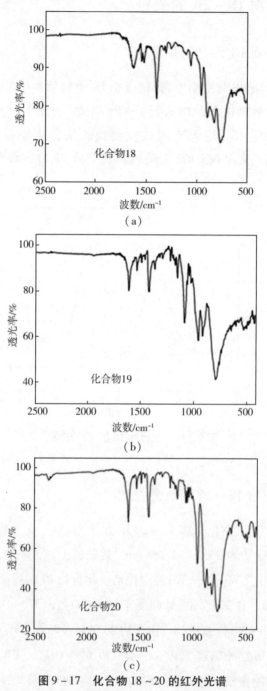

（a）

（b）

（c）

图 9-17　化合物 18~20 的红外光谱

### 9.3.4.3 化合物 18~20 的 X 射线粉末衍射

化合物 18~20 的 XRD 谱图如图 9−18 所示。从实验谱图与模拟谱图比较来看,XRD 谱图中化合物 18~20 的主要峰位和模拟峰位基本相一致,表明化合物 18~20 的纯度是比较好的。

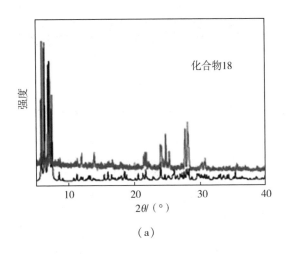

(a)

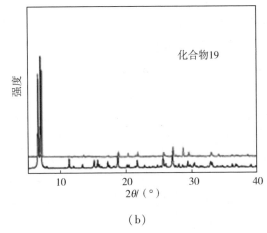

(b)

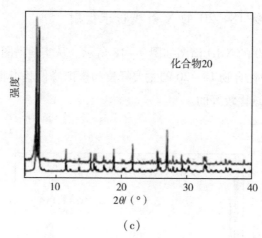

（c）

图 9-18　化合物 18~20 的 XRD 谱图,模拟(下)和实验(上)

## 9.3.5　化合物 18~20 的性质研究

### 9.3.5.1　化合物 18 的电化学性质

笔者研究了 18-CPE 在 1 mol·$L^{-1}$ $H_2SO_4$ 水溶液中不同扫速下的电化学行为。从图 9-19 中能够清楚看到,在扫速 50 mV·$s^{-1}$,电势范围在 -0.7 ~ 0.4 V 出现三对氧化还原峰,平均峰电位分别为 -0.08 V、-0.28 V 和 -0.54 V,这三对氧化还原峰归属于 W 的氧化还原过程。此外,在 +0.2 V 有一个不可逆的阳极峰,归属于 Cu 的氧化过程。从插图中可以发现,当扫速从 0.1 V·$s^{-1}$ 增加到 0.6 V·$s^{-1}$,阴极峰和阳极峰电流也随之增加且与扫速呈线性关系。以上结果表明,在上述电势范围内,化合物 18 的电化学行为均是表面控制的电化学过程。

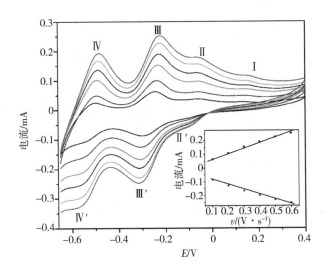

图 9 – 19　18 – CPE 在不同扫速下的循环伏安（从内到外：
0.1 V·s$^{-1}$、0.2 V·s$^{-1}$、0.3 V·s$^{-1}$、0.4 V·s$^{-1}$、0.5 V·s$^{-1}$、0.6 V·s$^{-1}$），

**插图显示了第三对峰的阳极峰电流和阴极峰电流与扫速的关系**

### 9.3.5.2　化合物 18 的电催化性质

在上述电化学性质研究基础上，笔者进一步研究了 18 – CPE 在 1 mol·L$^{-1}$
$H_2SO_4$ 水溶液中对 $H_2O_2$ 和 $NO_2^-$ 的催化性能，结果表明 18 – CPE 对 $H_2O_2$ 和 $NO_2^-$
均有很好的电催化活性。从图 9 – 20 中可以看出，随着 $H_2O_2$ 和 $NO_2^-$ 浓度的增
加，阴极峰Ⅳ电流逐渐增大，相应的阳极峰电流逐渐减小。插图为阴极峰电流
与浓度的关系。从图中可以看出，随着 $H_2O_2$ 和 $NO_2^-$ 浓度的增加，相应的阴极峰
电流也线性增大，表明该化合物修饰的电极对 $H_2O_2$ 和 $NO_2^-$ 具有有效的电催化
活性。根据催化效率公式 CAT 得出，化合物 18 对 $H_2O_2$ 的催化效率是 95%，对
$NO_2^-$ 的催化效率是 120%，这显示出化合物 18 在探测 $H_2O_2$ 和 $NO_2^-$ 具有潜在的
应用。

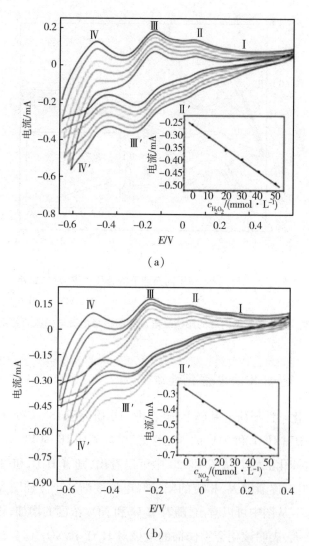

图 9 - 20　18 - CPE 对 $H_2O_2$(a)和 $NO_2^-$(b)的催化还原

（$H_2O_2$ 和 $NO_2^-$ 的浓度从内到外依次为 0、10 mmol · $L^{-1}$、

20 mmol · $L^{-1}$、30 mmol · $L^{-1}$、40 mmol · $L^{-1}$、50 mmol · $L^{-1}$），

插图表示第四对峰的峰电流与浓度之间的线性关系

### 9.3.5.3　化合物 18 的光催化性质

近年来使用多酸作为光催化剂降解有机染料污染物已经吸引了很多人的

关注。引入过渡金属化合物作为功能基团到多酸体系能够有效提高其潜在应用。为了调查化合物 18 作为催化剂的光催化活性,笔者在 UV 光照射下研究了 MB 的光解作用。将 50 mg 化合物粉末与 100 mL 浓度为 $2.0 \times 10^{-5}$ mol · $L^{-1}$ ($c_0$)MB 溶液混合,然后在 250 W 高压汞灯下边照射边搅拌。在时间间隔 0、30 min、60 min、90 min、120 min 和 150 min 下,取出 3 mL 溶液离心,取上层澄清液用于紫外分析。

如图 9 - 21 所示,经过照射 150 min 后,化合物 18 的光催化降解率($1 - c/c_0$)为 67.8%。用母体多酸($NBu_4$)$_6$[$As_2W_{18}O_{62}$]作为催化剂的催化效率为 31.7%,不加催化剂的空白 MB 溶液自身的催化效率为 15.9%。结果表明,多酸基金属有机框架材料可以提高母体多酸的光催化效率。光催化性质的提高可能由于以下原因引起:化合物 18 的 Cu - btb 框架在紫外光照射下作为光敏剂提高了多酸的电子转移,同时还原态的多酸阴离子拥有更高的电荷密度和多酸的准液相行为影响。

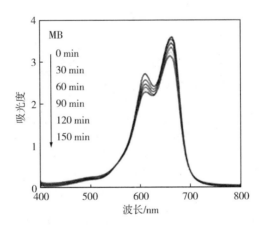

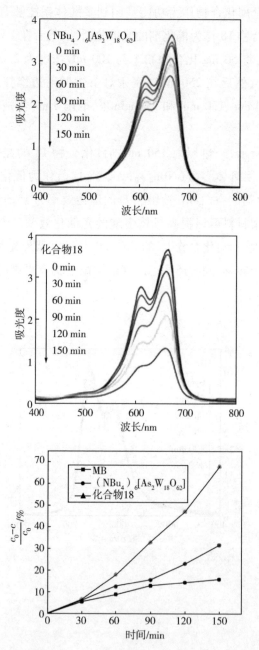

图 9-21　（a）不含催化剂、（b）母体多酸、（c）化合物 18 分别对 MB 溶液的
降解过程的吸收光谱和（d）MB 溶液的降解率与照射时间的关系

#### 9.3.5.4　化合物 19 的紫外可见漫反射

为了研究材料的光电导性质,化合物 19 的粉末紫外可见漫反射光谱,确定材料的禁带宽度($E_g$)。$E_g$ 值是能量坐标轴与线性吸收强度反向延长线的交点。如图 9 - 22 所示,材料的禁带宽度值为 2.16 eV,表明该材料具有潜在的半导体特性。

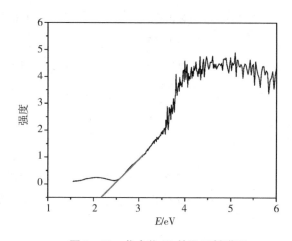

图 9 - 22　化合物 19 的漫反射谱图

## 9.4　具有纳米笼结构的 POMOF 材料的制备及性质研究

### 9.4.1　化合物 22 和 23 的结构

#### 9.4.1.1　X 射线晶体学测定

晶体学数据用单晶衍射仪收集。采用 Mo - Kα($\lambda$ = 0.71037 Å),在 293 K下测试。晶体结构采用 SHELXTL 软件解析,并用最小二乘法 $F^2$ 精修。化合物 22 和 23 的晶体学数据信息见表 9 - 2。

表 9 - 2   化合物 22 和 23 的晶体学数据

| 化合物 | 22 | 23 |
|---|---|---|
| 分子式 | $C_4H_{12}Ag_{10}N_{16}O_{44}SiW_{12}$ | $C_4H_{12}Ag_{10}N_{16}O_{44}PW_{12}$ |
| 相对分子质量 | 4301.10 | 4303.98 |
| 晶系 | Tetragonal | Tetragonal |
| 空间群 | I - 4m2 | I - 4m2 |
| $a/$ Å | 14.198(5) | 14.182(5) |
| $b/$ Å | 14.198(5) | 14.182(5) |
| $c/$ Å | 12.297(5) | 12.331(5) |
| $V/$ Å$^3$ | 2479(2) | 2480(2) |
| $\alpha/(°)$ | 90 | 90 |
| $\beta/(°)$ | 90 | 90 |
| $\gamma/(°)$ | 90 | 90 |
| $Z$ | 2 | 2 |
| $D_{calcd}/(g \cdot cm^{-3})$ | 5.751 | 5.753 |
| $T/K$ | 293(2) | 293(2) |
| $\mu/mm^{-1}$ | 31.698 | 31.694 |
| Refl. Measured | 9241 | 9219 |
| Refl. Unique | 1684 | 1688 |
| $R_{int}$ | 0.0408 | 0.0311 |
| GoF on $F^2$ | 0.993 | 0.882 |
| $R_1/wR_2[I \geqslant 2\sigma(I)]$ | 0.0364/ 0.0943 | 0.0435/ 0.1210 |

### 9.4.1.2   化合物 22 的结构

X 射线晶体结构分析表明,化合物 22 和 23 是同构的,下面以化合物 22 为例,对其结构进行分析。化合物 22 的单胞是由 1 个还原态的 $[SiW_{10}^{IV}W_2^VO_{40}]^{6-}$ 多阴离子(简写为 $SiW_{12}$)、10 个 Ag 离子、4 个 tta 配体和 4 个配位水分子构成的 (图 9 - 23)。

化合物 22 的结构中有 3 个晶体学独立的 Ag 离子,采取两种配位方式。

Ag1 采取六配位扭曲的八面体几何构型,它与 2 个来自 $SiW_{12}$ 多阴离子的 2 个氧原子和 4 个配位水分子的 4 个氧原子配位。Ag2 和 Ag3 配位几何相同,均采取 "跷跷板" 几何构型,它们的配位环境也是相同的,均是与来自 2 个 $SiW_{12}$ 多阴离子的 2 个氧原子和 2 个 tta 有机配体的 2 个氮原子配位的。Ag—O 键键长是 2.348(11)~2.572(10) Å,Ag—N 键键长是 2.158(11)~2.301(12) Å,所有的这些键长均在合理的范围内。

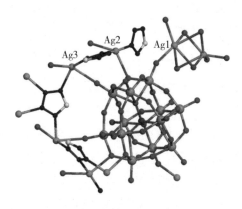

图 9-23　化合物 22 的单胞结构

化合物 22 的结构特征是具有纳米笼的金属有机框架结构(图 9-24)。这个具有纳米笼的金属有机框架形成的过程如下:有机配体 tta 以 4 连接的形式与 Ag2 和 Ag3 配位,形成两种具有不同尺寸的金属-有机环(环 A 和环 B)。如图 9-24 所示,每个环 A 连接 4 个环 B,每个环 B 连接 4 个环 A,通过这样的交替连接方式,一种具有纳米笼的三维金属有机框架被构建而成。从拓扑学角度考虑,如果把有机配体四氮唑当作 4 连接点,这个金属有机框架是 4 连接的拓扑,进一步简化,这个拓扑是个经典的 dia 拓扑。

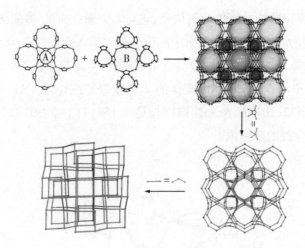

图 9-24　在化合物 22 中,三维金属有机框架和对应的拓扑结构形成过程

　　在化合物 22 中,最值得指出的结构特征是在金属有机框架的笼中包裹着 24 连接的多酸。到目前为止,24 连接的多酸在多酸基化合物中是最高连接。如图 9-25 所示,多酸是 24 连接的,所有的 Ag—O 键都在合理的范围内,从不同角度对金属有机笼进行展示,其中多酸连接 20 个与金属有机笼共用的银原子存在于笼中,同时多酸另外以 4 连接与双核银单元配位,双核银单元存在于金属有机框架的孔道中。

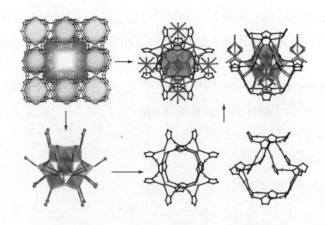

图 9-25　多酸以 24 连接的方式存在于金属有机笼中

由于化合物 22 的结构比较复杂,在不考虑多酸存在的前提下对金属有机框架进行分析。如图 9 - 26 所示,每个金属 - 有机笼与周围的 14 个金属有机笼连接,同时把每个笼看成一个节点,对其进行简化。

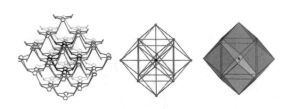

图 9 - 26　相邻的金属有机笼连接方式以及简化图

化合物 22 是鲜有报道的具有笼装多酸结构特征的多酸基金属有机框架材料,也是首例对多酸来说以最高的 24 连接被发现的。为了更加清晰地分析它的结构,笔者从拓扑学的角度进行分析。如果将四氮唑和双核银均看作 4 连接点,多酸看作 24 连接点,一个未见报道的(4,4,24)拓扑被发现(图 9 - 27)。从结构学和拓扑学角度讲是很有意义的。

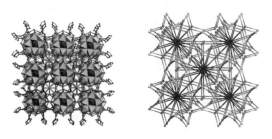

图 9 - 27　三维多酸基金属有机框架结构及其拓扑

## 9.4.2　化合物 22 和 23 的表征

### 9.4.2.1　化合物 22 和 23 的光电子能谱

根据价键计算和电荷平衡原理,化合物 22 和 23 中钨元素存在变价。为了准确地确定这一点,笔者对化合物 22 和 23 进行了 XPS 测试。由图 9 - 28 可知,在化合物 22 和 23 中,W $4f_{5/2}$ 及 W $4f_{7/2}$ 经 XPS 测试检测到的结合能分别为 37.23 eV 和 35.11 eV;37.31 eV 和 35.19 eV,并且钨元素出现分峰,表明钨存在变价,化合物 22 中五价钨和六价钨的比例约为 1:5,化合物 23 中五价钨和六价钨的比例约为 1:3。

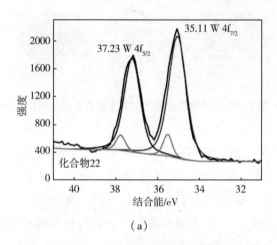

（a）

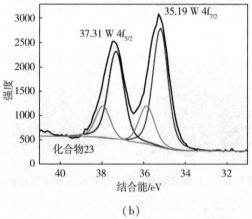

（b）

图 9 - 28　化合物 22 和 23 的光电子能谱

## 9.4.2.2　化合物 22 和 23 的红外光谱

如图 9 - 29 所示,在化合物 22 和 23 的红外光谱中,化合物 22 的特征峰在 1043 $cm^{-1}$、932 $cm^{-1}$、857 $cm^{-1}$ 和 742 $cm^{-1}$ 处归属于 $\nu(Si—O)$、$\nu(W\!=\!Ot)$、$\nu_{as}$

（W—Ob—W）和 $\nu_{as}$（W—Oc—W）伸缩振动。化合物23的特征峰在1039 cm$^{-1}$、945 cm$^{-1}$、864 cm$^{-1}$和746 cm$^{-1}$处归属于 $\nu$（P—O）、$\nu$（W ═Ot）、$\nu_{as}$（W—Ob—W）和 $\nu_{as}$（W—Oc—W）伸缩振动。振动峰在1629～1123 cm$^{-1}$的范围，归属于有机配体 tta 的振动峰。此外，振动峰在3489 cm$^{-1}$和3504 cm$^{-1}$处分别归属于化合物22和23中水分子的O—H振动峰。

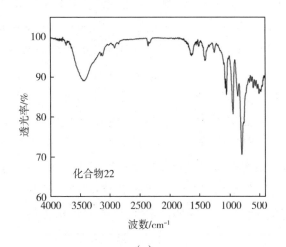

（a）

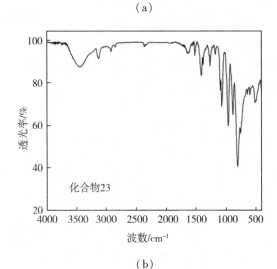

（b）

图9-29　化合物22～23的红外光谱

### 9.4.3 化合物 22 和 23 的性质研究

#### 9.4.3.1 化合物 22 和 23 的光催化性质

为了调查化合物 22 和 23 作为催化剂的光催化活性,笔者分别在 UV 和可见光照射下研究 RhB 染料的光解作用。将 50 mg 化合物粉末与 100 mL 浓度为 $2.0 \times 10^{-5}$ mol·$L^{-1}$($c_0$) RhB 溶液相混合,然后分别在 250 W 高压汞灯和 500 W 氙灯下边照射边搅拌。在时间间隔 0、20 min、40 min、60 min、80 min、100 min、120 min、140 min 和 150 min 下,取出 3 mL 溶液离心,取上层澄清液用紫外分析。

如图 9 - 30 所示,随着在紫外光和可见光下照射时间的延长,RhB 溶液的吸光度明显降低。经过照射 140 min 后,在紫外光照射下,不加催化剂的空白 RhB 溶液自身的催化效率为 26.1%,而化合物 22 和 23 的光催化降解率分别为 90.6% 和 91.9%。在紫外光照射下,不加催化剂的空白 RhB 溶液自身的催化效率为 24.5%,而化合物 22 和 23 的光催化降解率分别为 85.4% 和 88.2%。为了进一步验证化合物 22 和 23 的稳定性,笔者回收化合物 22 和 23 的样品进行了 XRD 测试,如图 9 - 31 所示。经过光催化实验后的样品的特征峰与没参加光催化实验的样品的峰拟合得很好,表明化合物作为光催化是很稳定的。化合物 22 和 23 作为光催化剂催化效率高可能由于以下原因:化合物 22 和 23 的银四氮唑笼框架在紫外光照射下作为光敏剂提高了多酸表面电荷转移,笼与笼间的孔隙为与 RhB 分子充分接触提供了更多空间。

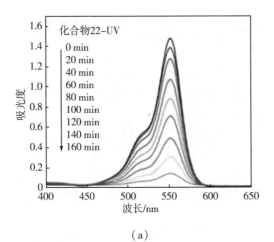

（a）

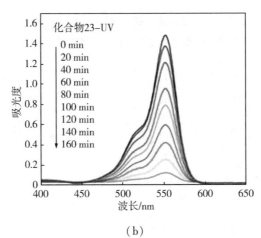

（b）

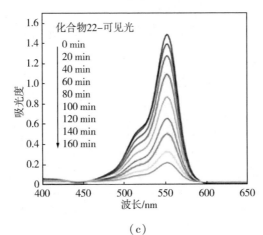

（c）

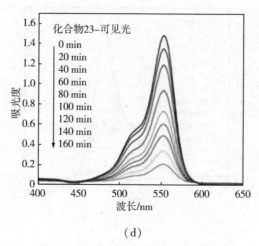

（d）

图 9 - 30　包含化合物 21 和 22 的 RhB 溶液
在紫外光和可见光下降解反应的吸收光谱

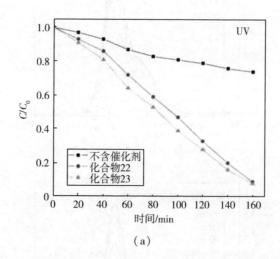

（a）

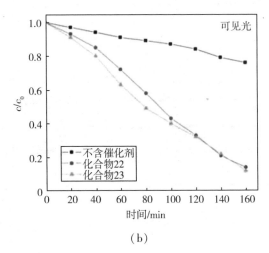

（b）

**图 9-31　化合物 22 和 23 参与的 RhB 溶液在紫外光**
**（a）和可见光（b）照射下的光催化降解率**

### 9.4.3.2　化合物 22 和 23 的稳定性

为了进一步验证化合物 22 和 23 在光催化降解 RhB 染料过程中的稳定性，分别将新鲜样品、经过紫外光照射实验的样品和可见光照射实验的样品进行 XRD 测试。如图 9-32 所示，化合物 22 和 23 的新鲜样品、经过紫外光照射实验的样品和可见光照射实验的样品实验峰位置与模拟峰位置比对得很好，表明实验所用样品的纯度是很高的，并且也可以证明经过光催化降解实验后，样品是很稳定的。

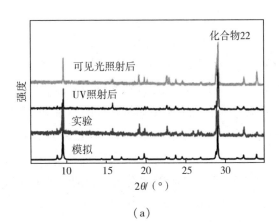

（a）

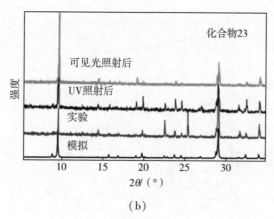

（b）

图 9 - 32　化合物 22 和 23 的 XRD 谱图

## 9.5　本章小结

本章采用水热合成技术,分别利用柔性有机配体 btb、双配体体系( pzta + bi-py)、多齿配体 tta 成功合成出 3 例具有金属有机纳米管装载多酸结构特征的 POMOF 晶态材料和 2 例具有金属有机纳米笼装载多酸的 POMOF 晶态材料。

在化合物 18 中有两种不同尺寸孔道的三维 MOF,8 连接 $As_2W_{18}$ 多酸被填充在大尺寸的孔道中。化合物 19 代表了第一个由双 $P_2(As/W)_{18}$ - Dawson 型多酸团簇作为模板的新型过渡金属多酸团簇基 - 金属有机纳米管框架。化合物 19 不仅证明了将双 $P_2(As/W)_{18}$ 多酸团簇作为模板封装在 MONT 的成功案例,而且它代表了一种新型高效的双功能电催化剂,用于还原 $BrO_3^-$ 和氧化 AA,且具有优异的电催化活性。结果表明,化合物 19 和 20 是同构的,展示了新颖的具有六边形管纳米管结构特征的三维 POMOF 结构,多酸簇 $P_2W_{18}$ 和 $As_2W_{18}$ 分别以 9 连接的方式嵌在每个金属有机纳米管中。化合物 22 和 23 也是同构的,展示了新颖的具有金属有机纳米笼结构特征的三维 POMOF 结构,结构中的多酸簇 $PW_{12}$ 和 $SiW_{12}$ 均是 24 连接的,它们分别以 20 连接的方式嵌在每个金属 - 有机笼中和 4 连接与双核银配位。24 连接的多酸是目前发现的最高连接数。化合物 22 和 23 在可见光下对 RhB 有机染料的降解率是很高的,并且稳定性是极好的,它们是一种潜在的性能优异的可见光催化剂。

# 第10章　有机磷 Strandberg 型多酸基金属有机框架材料的制备与性能研究

## 10.1　引言

    POM 作为一类无机金属氧簇,在催化、磁性和电化学等方面有着广泛的应用。到目前为止,因为 POM 在结构和性能上的多样性,研究 POM 化学仍然是一个相当重要的焦点。Strandberg 型过渡金属多酸团簇如 $[P_2Mo_5O_{23}]^{6-}$,缩写为 $P_2Mo_5$ 作为多酸化学的一个重要分支,其高电子密度、催化活性、易改性和尺寸控制等一些重要性质已逐渐得到研究。然而,与其他类型的 POM 相比,Strandberg 型多酸团簇还没有引起研究者的足够重视。近年来,Strandberg 型多酸团簇作为母体无机骨架被引入有机组分,值得指出的是,含有有机磷(RP)组分的 POM 研究较少。据我们所知,在这些 Strandberg 型多酸团簇中,有机磷原子可以作为中心四面体单元取代形成新的簇基配位聚合物(CCP)的中心无机磷原子。自 2014 年以来,朱在明课题组报道了过渡金属 −4,4′−联吡啶配合物单元修饰的 Strandberg 型有机磷钼酸盐/磷钨酸盐杂化物,并研究了 $P_2Mo_5$ 多酸团簇基配位聚合物的酸催化性能。周百斌课题组研究了锶离子连接 $P_2Mo_5$ 多酸团簇形成的 2D 超分子层的电化学和电催化性质。

    近年来,电化学电容器(EC)作为一种很有前途的储能装置受到了广泛的关注。然而,作为 EC 系统的电极材料,Strandberg 型多酸团簇基配位聚合物到目前为止还没有实现足够稳定和有效的研究。因此笔者使用有机磷取代的

Strandberg 型多酸团簇基配位聚合物作为电化学电容器电极材料来探究其超级电容性。

在一些开创性的工作中,关于 pH 值控制合成组装有机磷取代的 Strandberg 型多酸团簇基配位聚合物的原理很少被探索。考虑到研究的系统性,同步选择了相同的反应体系($C_6H_5PO_3H_2/Na_2MoO_4 \cdot 2H_2O/Cu(CH_3COO)_2/4,4' - bipy$),通过调节 pH 值,得到 5 种新颖的有机磷取代的 Strandberg 型多酸团簇基金属有机框架材料。

$$(H_2bipy)_2[(C_6H_5PO_3)_2Mo_5O_{15}] \cdot 2H_2O \qquad (24)$$

$$(H_2bipy)_{1.5}[Cu^I(bipy)(C_6H_5PO_3)_2Mo_5O_{15}] \cdot H_2O \qquad (25)$$

$$H_2[Cu_2^I(bipy)_{2.5}(C_6H_5PO_3)_2Mo_5O_{15}] \cdot 2H_2O \qquad (26)$$

$$Na_2[Cu_4^ICu^{II}(bipy)_4(C_6H_5PO_3)_2(Mo_5O_{15})_2] \cdot 15H_2O \qquad (27)$$

$$[Cu_2^{II}(bipy)(H_2O)_4(C_6H_5PO_3)_2Mo_5O_{15}] \qquad (28)$$

$$bipy = 4,4' - 联吡啶$$

## 10.2 材料的制备

$(H_2bipy)_2[(C_6H_5PO_3)_2Mo_5O_{15}] \cdot 2H_2O$ (24)。将 $Cu(CH_3COO)_2$ (300 mg,1.65 mmol $\cdot$ L$^{-1}$),$Na_2MoO_4 \cdot 2H_2O$ (600 mg,2.48 mmol $\cdot$ L$^{-1}$)、$C_6H_5PO_3H_2$(400 mg,2.53 mmol $\cdot$ L$^{-1}$)、$4,4'$ - bipy (100 mg,0.64 mmol $\cdot$ L$^{-1}$)溶于 20 mL 蒸馏水中,在室温下搅拌 1 h,用 3 mol $\cdot$ L$^{-1}$ HCl 调节 pH 值为 1.5 ~ 2.0。将上述溶液装入 25 mL 聚四氟乙烯反应釜,在 180 ℃ 反应 4 天,以 10 ℃ $\cdot$ h$^{-1}$ 降至室温,得到无色块状晶体。经水洗和干燥后,产率为 53%(按 Mo 计算)。元素分析,理论值(%):C 27.77,H 2.48,N 4.05,P 4.48,Mo 34.65。实验值(%): C 27.83,H 2.54,N 4.12,P 4.56,Mo 34.72。

$(H_2bipy)_{1.5}[Cu^I(bipy)(C_6H_5PO_3)_2Mo_5O_{15}] \cdot H_2O$ (25)。将 $Cu(CH_3COO)_2$ (300 mg, 1.65 mmol $\cdot$ L$^{-1}$)、$Na_2MoO_4 \cdot 2H_2O$ (600 mg, 2.48 mmol $\cdot$ L$^{-1}$)、$C_6H_5PO_3H_2$(400 mg,2.53 mmol $\cdot$ L$^{-1}$)、$4,4'$ - bipy (100 mg, 0.64 mmol $\cdot$ L$^{-1}$)溶于 20 mL 蒸馏水中,在室温下搅拌 1 h,用 3 mol $\cdot$ L$^{-1}$ HCl 调节 pH 值为 2.0 ~ 2.5。将上述溶液装入 25 mL 聚四氟乙烯反应釜,在 180 ℃

反应 4 天, 以 10 ℃·h⁻¹ 降至室温, 得到黄色块状晶体。经水洗和干燥后, 产率为 54.9%(按 Mo 计算)。元素分析, 理论值(%):C 29.49, H 2.34, N 4.65, P 4.11, Cu 4.22, Mo 31.83。实验值(%):C 29.57, H 2.41, N 4.71, P 4.17, Cu 4.31, Mo 31.90。

$H_2[Cu_2^I(bipy)_{2.5}(C_6H_5PO_3)_2Mo_5O_{15}] \cdot 2H_2O$ (26)。将 $Cu(CH_3COO)_2$ (300 mg, 1.65 mmol·L⁻¹)、$Na_2MoO_4 \cdot 2H_2O$ (600 mg, 2.48 mmol·L⁻¹)、$C_6H_5PO_3H_2$ (400 mg, 2.53 mmol·L⁻¹)、4,4′-bipy (100 mg, 0.64 mmol·L⁻¹)溶于 20 mL 蒸馏水中, 在室温下搅拌 1 h, 用 3 mol·L⁻¹ HCl 调节 pH 值为 2.5~3.5。将上述溶液装入 25 mL 聚四氟乙烯反应釜, 在 180 ℃ 反应 4 天, 以 10 ℃·h⁻¹ 降至室温, 得到红色块状晶体。经水洗和干燥后, 产率为 54.1%(按 Mo 计算)。元素分析, 理论值(%):C 27.99, H 2.29, N 4.41, P 3.90, Cu 8.02, Mo 30.22。实验值(%):C 28.22, H 2.37, N 4.48, P 3.97, Cu 8.11, Mo 30.34。

$Na_2[Cu_4^I Cu^{II}(bipy)_4(C_6H_5PO_3)_2(Mo_5O_{15})_2] \cdot 15H_2O$ (27)。将 $Cu(CH_3COO)_2$ (300 mg, 1.65 mmol·L⁻¹)、$Na_2MoO_4 \cdot 2H_2O$ (600 mg, 2.48 mmol·L⁻¹)、$C_6H_5PO_3H_2$ (400 mg, 2.53 mmol·L⁻¹)、4,4′-bipy (100 mg, 0.64 mmol·L⁻¹)溶于 20 mL 蒸馏水中, 在室温下搅拌 1 h, 用 3 mol·L⁻¹ HCl 调节 pH 为 3.5~4.0。将上述溶液装入 25 mL 聚四氟乙烯反应釜, 在 180 ℃ 反应 4 天, 以 10 ℃·h⁻¹ 降至室温, 得到棕色块状晶体。经水洗和干燥后, 产率为 52.8%(按 Mo 计算)。元素分析, 理论值(%):C 23.14, H 2.49, N 3.37, P 3.73, Cu 9.56, Na 1.38, Mo 31.43。实验值(%):C 23.22, H 2.56, N 3.43, P 3.81, Cu 9.62, Na 1.45, Mo 31.52。

$[Cu_2^{II}(bipy)(H_2O)_4(C_6H_5PO_3)_2Mo_5O_{15}]$ (28)。将 $Cu(CH_3COO)_2$ (300 mg, 1.65 mmol·L⁻¹)、$Na_2MoO_4 \cdot 2H_2O$ (600 mg, 2.48 mmol·L⁻¹)、$C_6H_5PO_3H_2$ (400 mg, 2.53 mmol·L⁻¹)、4,4′-bipy (100 mg, 0.64 mmol·L⁻¹)溶于 20 mL 蒸馏水中, 在室温下搅拌 1 h, 用 3 mol·L⁻¹ HCl 调节 pH 值为 4.0~4.5。将上述溶液装入 25 mL 聚四氟乙烯反应釜, 在 180 ℃ 反应 4 天, 以 10 ℃·h⁻¹ 降至室温, 得到无色块状晶体。经水洗和干燥后, 产率为 54%(按 Mo 计算)。元素分析, 理论值(%):C 19.05, H 1.89, N 2.02, P 4.47, Cu 9.16, Mo 34.58。实验值(%):C 19.11, H 1.89, N 2.11, P 4.52, Cu 9.22, Mo 34.65。

## 10.2.1　化合物 24~28 的结构

### 10.2.1.1　X 射线晶体学测定

晶体学数据用单晶衍射仪收集。采用 Mo – Kα（$\lambda = 0.71037$ Å），在 293 K 下测试。晶体结构采用 SHELXTL 软件解析，并用最小二乘法 $F^2$ 精修。化合物 24~28 的晶体学数据信息见表 10 – 1。

表 10 – 1　化合物 24~28 的晶体学数据

| 化合物 | 24 | 25 | 26 | 27 | 28 |
|---|---|---|---|---|---|
| 分子式 | $C_{32}H_{34}Mo_5N_4$ $O_{23}P_2$ | $C_{37}H_{35}CuMo_5$ $N_5O_{22}P_2$ | $C_{37}H_{36}Cu_2Mo_5$ $N_5O_{23}P_2$ | $C_{64}H_{82}Cu_5Mo_{10}$ $N_8Na_2O_{57}P_4$ | $C_{22}H_{26}Cu_2Mo_5$ $N_2O_{25}P_2$ |
| 相对分子质量 | 1384.28 | 1506.89 | 1587.45 | 3322.38 | 1387.19 |
| 晶系 | monoclinic | triclinic | triclinic | triclinic | monoclinic |
| 空间群 | $C\,2/c$ | $P\,\bar{1}$ | $P\,\bar{1}$ | $P\,\bar{1}$ | $C\,2/c$ |
| $a/$ Å | 14.7093(8) | 10.6350(6) | 12.4249(5) | 10.9346(5) | 17.3312(7) |
| $b/$ Å | 15.1976(8) | 10.8843(6) | 13.0490(5) | 11.3168(4) | 9.8918(3) |
| $c/$ Å | 21.6521(12) | 20.2362(11) | 16.3273(6) | 18.4420(7) | 21.7808(6) |
| $a/(°)$ | 90 | 83.038(1) | 95.481(1) | 79.969(1) | 90 |
| $\beta/(°)$ | 105.741(1) | 87.489(1) | 98.431(1) | 89.303(1) | 103.016(1) |
| $\gamma/(°)$ | 90 | 79.154(1) | 115.652(1) | 82.777(1) | 90 |
| $V/$ Å$^3$ | 4658.7(4) | 2283.1(2) | 2322.67(16) | 2229.27(15) | 3638.1(2) |
| $Z$ | 4 | 2 | 2 | 1 | 4 |
| $D_{\text{calcd}}/$ $(g \cdot cm^{-3})$ | 2.008 | 2.183 | 2.215 | 2.273 | 2.518 |
| $T/K$ | 293(2) | 293(2) | 293(2) | 293(2) | 293(2) |
| $\mu/mm^{-1}$ | 1.468 | 1.950 | 2.360 | 2.694 | 3.001 |
| Refl. Measured | 13368 | 17036 | 13771 | 13195 | 13111 |
| Refl. Unique | 4220 | 11417 | 8411 | 8060 | 4582 |
| $R_{\text{int}}$ | 0.0380 | 0.0411 | 0.0183 | 0.0226 | 0.0236 |

续表

| 化合物 | 24 | 25 | 26 | 27 | 28 |
|---|---|---|---|---|---|
| GoF on $F^2$ | 0.866 | 0.978 | 0.981 | 0.948 | 1.072 |
| $R_1/wR_2$ [$I \geqslant 2\sigma(I)$] | 0.0438/ 0.1372 | 0.0502/ 0.1027 | 0.0262/ 0.0629 | 0.0497/ 0.1505 | 0.0210/ 0.0532 |

### 10.2.1.2　化合物 24 的结构

如图 10 – 1 所示,化合物 24 在 pH = 1.5 ~ 2.0 时获得。X 射线晶体结构分析表明,化合物 24 的单体结构是由 1 个 [(PhP)$_2$Mo$_5$O$_{21}$]$^{4-}$ 多酸团簇 [简称 (PhP)$_2$Mo$_5$]、2 个双质子化的 4,4′ – 联吡啶有机配体和 2 个游离水分子组成。

图 10 – 1　化合物 24 的基本晶体单元

化合物 24 是超分子结构,通过 (PhP)$_2$Mo$_5$ 多酸团簇之间广泛的强氢键相互作用和相邻 4,4′ – bipy 单元的 π – π 堆积构建 2D 超分子结构(图 10 – 2)。此外,(PhP)$_2$Mo$_5$ 多酸团簇与作为反阳离子双质子化的 4,4′ – bipy 配体之间产生的氢键相互作用稳定了结构,(PhP)$_2$Mo$_5$ 多酸团簇大大增加了结构的新颖性(2D 层中典型的氢键:C16—H16···O1 = 3.292 Å,C11—H11···O1 = 3.189 Å,C17—H17···O3 = 3.169 Å. π – π 距离:3.99 Å)。

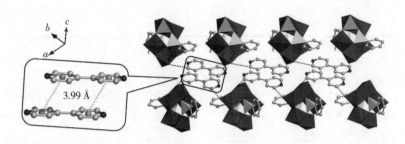

图 10 - 2　基于氢键相互作用和 π - π 作用的 2D 超分子建筑

### 10.2.1.3　化合物 25 的结构

如图 10 - 3 所示,化合物 25 在 pH = 2.0 ~ 2.5 时获得。X 射线晶体结构分析表明,化合物 25 的单体结构是由 1 个 $[(PhP)_2Mo_5O_{21}]^{4-}$ 多酸团簇[简称 $(PhP)_2Mo_5$]、1 个一价 Cu 原子、一个半双质子化的 4,4′ - bipy 有机配体、1 个配位的 4,4′ - bipy 有机配体和两个游离水分子组成的。该 $(PhP)_2Mo_5$ 多酸团簇作为单齿配体,通过 1 个末端氧原子 O19 与 1 个 Cu(Ⅰ) 阳离子配位。Cu(Ⅰ) 阳离子分别连接 2 个 4,4′ - bipy 有机配体中的 2 个氮原子(N3,N2)和一个 $(PhP)_2Mo_5$ 多酸团簇形成 T 形配位几何体系。

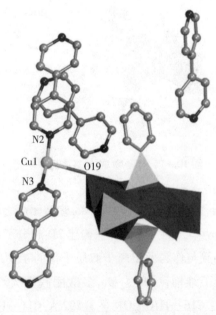

图 10 - 3　化合物 25 的基本晶体单元和铜原子的配位环境

化合物 25 显示 1D 半封闭窗口通道结构,可表示如下:首先,(PhP)₂Mo₅ 多酸团簇连接 1 个 Cu 原子,Cu 原子不仅连接(PhP)₂Mo₅ 多酸团簇,而且连接双配体形成一维无机有机链。此外,分子间氢键存在相邻的(PhP)₂Mo₅ 多酸团簇。最后,通过分子间氢键和 π-π 堆积,将游离双质子化的双 4,4′-bipy 配体连接到相邻的一维半封闭窗口链上形成 1D 半封闭窗口通道,如图 10-4(a)和图 10-4(b)所示。此外,3D 图例清楚地描述了此结构,如图 10-4(c)和图 10-4(d)所示。分子间氢键和 π-π 堆积在相邻层中,以稳定结构(2D 层中典型的氢键: C23—H23⋯O11 = 3.235 Å,C10—H10⋯O14 = 2.994 Å. π-π 距离: 3.82 Å,3.75 Å)。

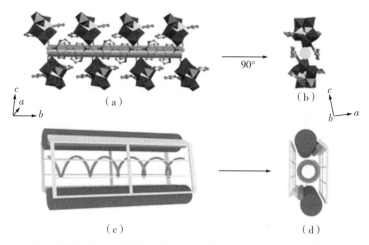

图 10-4　(a)双质子化 bipy 配体作为有机模板占据一维半封闭通道结构的通道;
(b)一维半封闭窗口通道结构旋转 90°;(c)和(d)一维半封闭通道结构的三维原理图

### 10.2.1.4　化合物 26 的结构

如图 10-5 所示,化合物 26 在 pH = 2.5~3.5 时获得。X 射线晶体结构分析表明,化合物 26 的单体结构是由 1 个(PhP)₂Mo₅ 多酸团簇、2 个一价 Cu 原子、2 个半 4,4′-bipy 有机配体和 2 个游离水分子组成的。该(PhP)₂Mo₅ 多酸团簇作为双齿无机配体,通过 2 个末端氧原子(O11,O15)与 2 个 Cu(Ⅰ)阳离子配位。对称的两个 Cu(Ⅰ)阳离子分别连接两个 4,4′-bipy 有机配体中的 2 个氮原子(N4/N3,N5/N2)和一个(PhP)₂Mo₅ 多酸团簇形成 T 形配位几何体系。

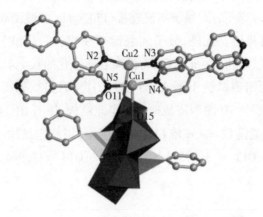

图 10-5　化合物 26 的基本晶体单元和铜原子的配位环境

化合物 26 的结构显示出 1D + 1D → 2D 交错结构,如图 10-6(a)所示,它可以表示如下:首先,(PhP)$_2$Mo$_5$ 多酸团簇连接 Cu1 和 Cu2 原子,这些相邻的 (PhP)$_2$Mo$_5$ 多酸团簇通过 bipy 有机配体相互连接形成聚悬垂链。其次,相邻的无机 - 有机聚悬垂链通过分子间氢键和 π - π 相互作用紧密堆积。最后,当每个链的聚悬垂链槽被相邻的聚悬垂链上的 (PhP)$_2$Mo$_5$ 多酸团簇占据时,形成 1D + 1D → 2D 交错结构,如图 10-6(b)和图 10-6(c)所示,其中悬垂(PhP)$_2$Mo$_5$ 多酸团簇可以充当拉链上的"牙齿"。化合物 26 表示包含(PhP)$_2$Mo$_5$ 多酸团簇的 1D + 1D → 2D 交错结构的首个例子。此外,这些相邻的聚悬垂链是稳定的,并通过分子间氢键和 π - π 相互作用融合在一起(典型氢键:C4—H3⋯ O14 = 3.294 Å,π - π 距离:3.72 Å)。

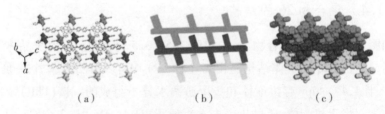

(a)　　　　　　　(b)　　　　　　　(c)

图 10-6　(a)不同颜色的 1D + 1D → 2D 交错结构;
(b)空间填充图;(c)交错建筑的空间填充图

#### 10.2.1.5　化合物 27 的结构

如图 10 – 7 所示,化合物 27 在 pH = 3.5 ~ 4.0 时获得。X 射线晶体结构分析表明,化合物 27 的单体结构是由两个(PhP)$_2$Mo$_5$多酸团簇、4 个一价 Cu 原子、1 个二价 Cu 原子、4 个 4,4′ – bipy 有机配体和 15 个游离水分子组成的。有三种晶体学独立的 Cu 离子具有独特的配位环境:Cu1 离子是四配位"跷跷板"几何构型,通过 2 个(PhP)$_2$Mo$_5$多酸团簇上的 3 个氧原子(O11、O19、O20)连接和 1 个 bipy 配体上的氮原子(N3)。Cu2 离子是三配位 T 型几何构型,分别连接 2 个 4,4′ – bipy 有机配体中的 2 个氮原子(N1、N2)和 1 个(PhP)$_2$Mo$_5$多酸团簇。Cu3 离子是双配位直棍型几何构型,通过两个(PhP)$_2$Mo$_5$多酸团簇上的两个氧原子(O1,O1$^{\#}$)连接。

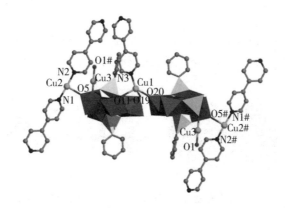

图 10 – 7　化合物 27 的基本晶体单元和铜原子的配位环境

化合物 27 的结构显示出 2D + 2D → 3D 交错结构(图 10 – 8),它可以表示如下:首先,(PhP)$_2$Mo$_5$多酸团簇连接 Cu1 形成 1D 无机 – 有机波浪链,如图 10 – 8(a)和图 10 – 8(b)所示。其次,1D 无机 – 有机波浪链经 Cu2 原子纵向延伸形成 1D + 1D → 2D 无机 – 有机层,图 10 – 8(c)所示。最后,这些三维层是通过存在相邻的(PhP)$_2$Mo$_5$多酸团簇和 bipy 配体的氢键相互作用而堆积起来的,形成了 2D + 2D → 3D 的交错结构,图 10 – 8(d)所示。此外,这些相邻层通过分子间氢键被稳定和融合在一起。值得一提的是,化合物 27 代表了由(PhP)$_2$Mo$_5$多酸团簇和 Cu(Ⅰ) – 4,4′ – bipy 复合单元组装的 2D + 2D → 3D

交错结构的首个例子。

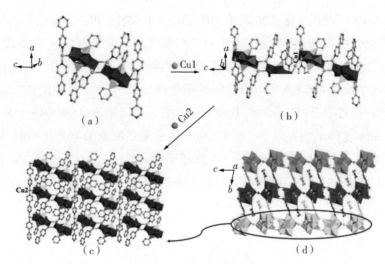

图 10 – 8　(a)双[(PhP)$_2$Mo$_5$O$_{21}$]$^{4-}$多酸团簇;(b)1D 无机 – 有机波浪链;
(c)1D + 1D → 2D 无机 – 有机层;(d)2D + 2D → 3D 交错结构

图 10 – 9　(a)空间填充图;(b)2D + 2D → 3D 交错结构的三维原理图

### 10.2.1.6　化合物 28 的结构

如图 10 – 10 所示,化合物 28 在 pH = 4.0 ~ 4.5 时获得。X 射线晶体结构分析表明,化合物 28 的单体结构是由 1 个(PhP)$_2$Mo$_5$多酸团簇、4 个二价 Cu 原子、1 个 4,4′ – bipy 有机配体形成的。(PhP)$_2$Mo$_5$多酸团簇连接 4 个二价铜离子、4 个晶体学独立的 Cu(Ⅱ)原子具有相似的配位环境。此外,对称的 Cu 原子是六配位的,由 bipy 配体中的 1 个氮原子(N1)配位,2 个(PhP)$_2$Mo$_5$多酸团簇上的 3 个氧原子(O7、O8、O10)和 2 个氧原子(O1W、O2W)组成扭曲的八面体几何。

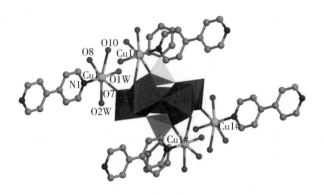

**图 10 - 10　化合物 28 的基本晶体单元和铜原子的配位环境**

化合物 28 的结构显示一个复杂的三维结构,由相邻的 2D (PhP)$_2$Mo$_5$ - Cu - bipy 层构建,可说明如下:首先,(PhP)$_2$Mo$_5$ 多酸团簇作为 4 个 Cu(Ⅱ)阳离子连接的四齿配体与相邻的 4 个(PhP)$_2$Mo$_5$ 多酸团簇链接组成 2D (PhP)$_2$Mo$_5$ - Cu - bipy 层,图 10 - 11(a)和图 10 - 11(b)所示。最后,相邻的 2D (PhP)$_2$Mo$_5$ - Cu - bipy 层通过 Cu1 - bipy - Cu1 桥连接构建一个堆叠四角窗约 11.077 Å ×9.978 Å 三维框架,如图 10 - 11(c)所示。此外,如果 Cu1 阳离子被认为是 3 连接节点,并且(PhP)$_2$Mo$_5$ 多酸团簇被认为是 4 连接节点,因此化合物 28 的结构可以简化为一种新颖(3,4)连接的$(8^1 \cdot 6^2)(8^3 \cdot 6^3)$的拓扑结构,如图 10 - 11(d)所示。

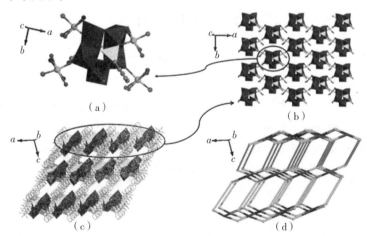

（a）　　　　　　　　　　（b）

（c）　　　　　　　　　　（d）

**图 10 - 11　(a)用于(PhP)$_2$Mo$_5$ 多酸团簇的四齿配体;(b)2D (PhP)$_2$Mo$_5$ - Cu - bipy 层;**
**(c)化合物 28 的 3D 结构;(d)化合物 28 的$(8^1 \cdot 6^2)(8^3 \cdot 6^3)$拓扑结构**

## 10.3　化合物 24~28 的表征

### 10.3.1　化合物 24~28 的价键计算

对化合物 24~28 进行 BVS 价键计算、配位环境、晶体颜色和电荷平衡确定,所有的 Mo 原子都是 +6 价,所有的 Cu 都是价态由表 10-2 表示。

表 10-2　化合物 25~28 Cu 原子的价键计算

| 化合物 | 铜原子 | BVS | 氧化态 |
|---|---|---|---|
| 25 | Cu1 | 0.97 | I |
| 26 | Cu1 | 1.00 | I |
|  | Cu2 | 0.99 | I |
| 27 | Cu1 | 1.64 | II |
|  | Cu2 | 0.96 | I |
|  | Cu3 | 1.08 | I |
| 28 | Cu1 | 1.65 | II |

### 10.3.2　化合物 24~28 的红外光谱

如图 10-12 所示,在化合物 24~28 的红外光谱中,特征峰在 1048 $cm^{-1}$、926 $cm^{-1}$、807 $cm^{-1}$ 和 682 $cm^{-1}$,1104 $cm^{-1}$、897 $cm^{-1}$、809 $cm^{-1}$ 和 677 $cm^{-1}$,1034 $cm^{-1}$、899 $cm^{-1}$、807 $cm^{-1}$ 和 692 $cm^{-1}$,1092 $cm^{-1}$、881 $cm^{-1}$、803 $cm^{-1}$ 和 691 $cm^{-1}$,1081 $cm^{-1}$、954 $cm^{-1}$、916 $cm^{-1}$ 和 701 $cm^{-1}$ 处归属于 $P_2Mo_5$ 过渡金属多酸团簇的 $\nu(P-O)$、$\nu(Mo=Ot)$、$\nu_{as}(Mo-Ob-Mo)$ 和 $\nu_{as}(Mo-Oc-Mo)$ 的伸缩振动。在 1680~1140 $cm^{-1}$ 区域范围内可以被指定为化合物 24~28 中 bipy 配体的特征峰。

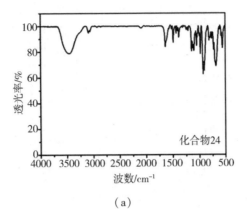

（a）

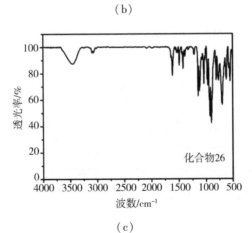

（b）

（c）

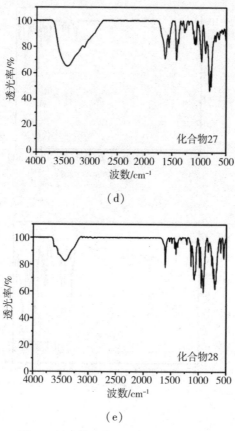

（d）

（e）

图 10 - 12　化合物 24 ~ 28 的红外光谱

### 10.3.3　化合物 24 ~ 28 的 X 射线粉末衍射

如图 10 - 13 所示,通过比较化合物 24 ~ 28 的 XRD 实验谱图与模拟谱图,化合物 24 ~ 28 的主要峰位和模拟峰位基本相一致,表明化合物 24 ~ 28 具有较好的纯度,模拟和实验谱图反射强度的差异可能是由于粉末样品中单晶颗粒大小不规则和晶体的取向不同所致。

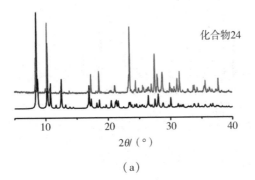

（a）

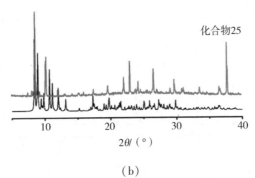

（b）

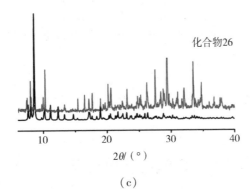

（c）

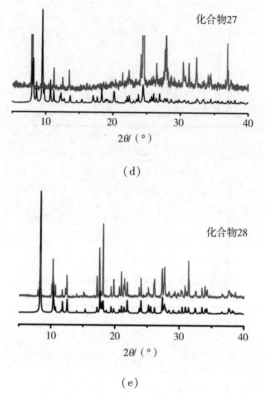

图 10 – 13　化合物 24 ~ 28 的 XRD 图,模拟(下),实验(上)

# 10.4　化合物 24 ~ 28 的电化学性质研究

## 10.4.1　化合物 24 ~ 28 的电化学性质

选择价格低廉、易于制备和处理的改性玻碳电极(GCE)在三电极体系中研究化合物 24 ~ 28 的电化学性质。对化合物 24 ~ 28 进行循环伏安法、恒流充放电法和电化学阻抗谱法测试。

在不同扫描速率下,1 mol · $L^{-1}$ $H_2SO_4$ 水溶液中 24 ~ 28 – GCE 的循环伏安图如图 10 – 14 所示。在扫速 50 mV · $s^{-1}$,电势范围在 – 0.1 ~ 0.6 V 之间出现三对氧化还原峰。

三对氧化还原峰平均峰电位分别为 Ⅰ － Ⅰ′、Ⅱ － Ⅱ′、Ⅲ － Ⅲ′: － 0.0214V,
+ 0.197V, + 0.341V(24 － GCE) ; － 0.0282V, + 0.194V, + 0.313V(25 － GCE) ;
－ 0.0255V, + 0.198V, + 0.347V(26 － GCE) ; － 0.0126V, + 0.203V, + 0.318V
(27 － GCE) ; － 0.0115V, + 0.196V, + 0.324V(28 － GCE) ,这可归因于 Mo 为中
心的氧化还原过程。

化合物 24 ~ 28 电极 CV 曲线的形状显示了法拉第电容特性,但与普通双层
电容器的矩形 CV 曲线形状不同。当扫描速率从 0.05 V·s$^{-1}$ 增加到
0.35 V·s$^{-1}$ 时,24 ~ 28 － GCE 阴极峰电流和相应的阳极峰电流同时增加,这表
明 24 － 28 － GCE 的氧化还原过程是表面控制的。当扫描速率增加时,CV 曲线
的形状变化不明显,但只表现出电流强度的重要变化,电子的交换速率很快。
此外,如图 10 － 15(a)所示,化合物 25 的 CV 曲线显示了所有标题化合物中在
0.35 V·s$^{-1}$ 的最大集成面积,表明化合物 25 拥有最大比电容量。

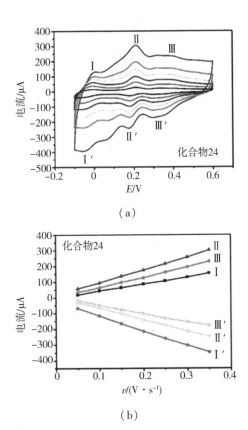

(a)

(b)

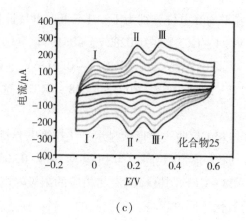

（c）

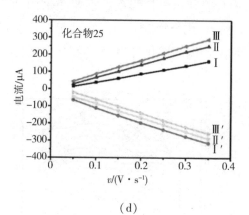

（d）

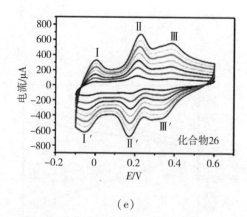

（e）

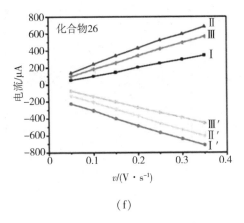

（f）

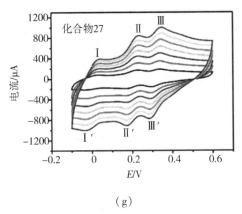

（g）

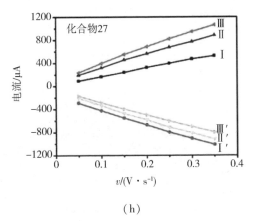

（h）

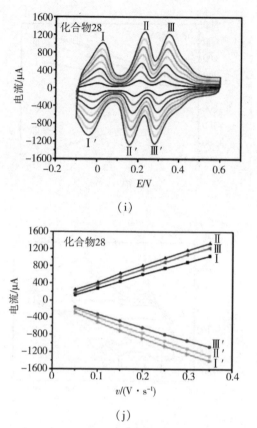

(i)

(j)

图 10-14　化合物 24~28 在不同扫速下(0.05~0.35 V·s⁻¹)的
CV 曲线和Ⅰ、Ⅱ和Ⅲ的阳极和阴极峰电流关系图

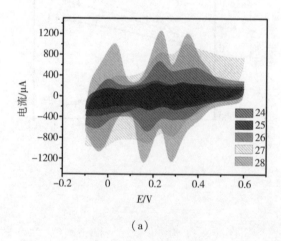

(a)

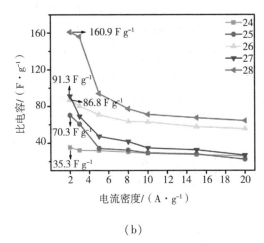

（b）

图 10 - 15　（a）扫速为 0.35 V·s⁻¹ 时化合物 24～28 的 CV 曲线面积的叠加比较；
（b）化合物 24～28 在不同电流密度下比电容曲线

## 10.4.2　化合物 24～28 的恒流充放电

电化学伪电容可以通过氧化还原反应、离子插层或电极极化促进离子吸附来促进电荷储存（法拉第过程）。如图 10 - 16（a～e）所示，充放电曲线中的放电部分不再呈线性，CV 曲线也不再是矩形形状，在整个测量中 GCD 曲线的形状明显不对称。在 -0.1～0.6 V 的电压范围内，在不同电流密度下进行了化合物 24～28 的 GCD 实验。显然，在相同的条件下，化合物 28 在电流密度为 2 A·g⁻¹、3 A·g⁻¹、5 A·g⁻¹、8 A·g⁻¹、10 A·g⁻¹、15 A·g⁻¹ 和 20 A·g⁻¹ 的情况下，比电容为 160.9 F·g⁻¹、155.9 F·g⁻¹、94.1 F·g⁻¹、77.3 F·g⁻¹、71.2 F·g⁻¹、67.5 F·g⁻¹ 和 64.3 F·g⁻¹（表 10 -3）。如图 10 -16（f）所示，与 2 A·g⁻¹ 处化合物 24～28 的电容相比，化合物 28 的比电容最高可达 160.9 F·g⁻¹，这与图 10 - 15（b）中不同电流密度下化合物 24～28 的比电容一致。与大多数报道的 POMOF 基超级电容器材料相比，化合物 28 具有更高的电化学电容性能（表 10 -4）。这进一步表明化合物 28 具有优异的电极活性和电子转换效率。结果可归因于化合物 28 的叠加四边形窗口三维框架结构提供了良好的电子电导率，提高了氧化还原反应中离子和电子的转化率和迁移率。相比之下，化合物 24 和 25 表现出 0D 超分子结构和 1D 半封闭窗口通道结构，因

此,具有较低的比电容。化合物 26 和 27 分别为 1D + 1D → 2D 和 2D + 2D →
3D 交错结构。此外,与化合物 26 相比,化合物 27 具有更高的比电容,这可能是
它的 2D + 2D → 3D 交错结构和 2D 无机 – 有机层所致,可以提供额外的电子
传输路径。值得注意的是,化合物 24 ~ 28 的电容不仅取决于它们的组成金属
原子,而且还取决于过渡金属多酸团簇基配位聚合物的微观结构类型。

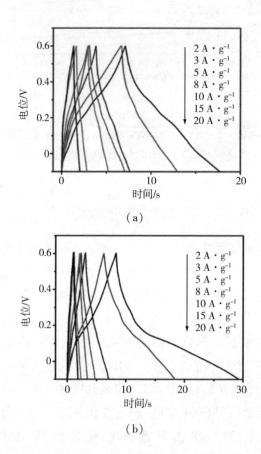

(a)

(b)

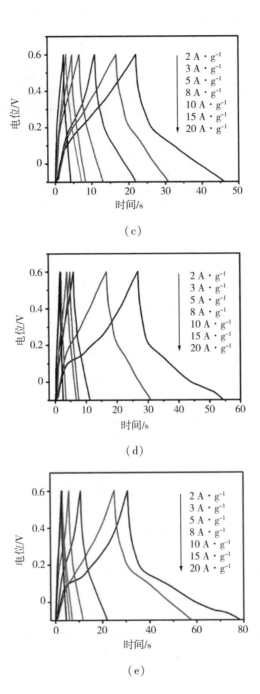

（c）

（d）

（e）

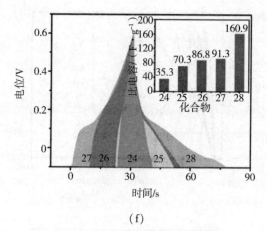

（f）

图 10 – 16　（a）~（e）化合物 24 – 28 在电流密度为 2 A·g$^{-1}$、3 A·g$^{-1}$、

5 A·g$^{-1}$、8 A·g$^{-1}$、10 A·g$^{-1}$、15 A·g$^{-1}$ 和 20 A·g$^{-1}$ 下 GCD 曲线；

（f）在 2 A·g$^{-1}$ 电流密度下化合物 24 ~ 28 的比电容

表 10 – 3　化合物 24 ~ 28 在不同电流密度下的比电容

单位：F·g$^{-1}$

| 化合物 | 24 | 25 | 26 | 27 | 28 |
|---|---|---|---|---|---|
| 2 A·g$^{-1}$ | 35.3 | 70.3 | 86.8 | 91.3 | 160.9 |
| 3 A·g$^{-1}$ | 32.1 | 60.7 | 80.2 | 69.0 | 155.9 |
| 5 A·g$^{-1}$ | 31.8 | 34.2 | 70.8 | 47.3 | 94.1 |
| 8 A·g$^{-1}$ | 30.2 | 32.3 | 63.4 | 41.7 | 77.3 |
| 10 A·g$^{-1}$ | 28.9 | 29.3 | 63.0 | 34.7 | 71.2 |
| 15 A·g$^{-1}$ | 27.4 | 27.9 | 57.8 | 32.6 | 67.5 |
| 20 A·g$^{-1}$ | 25.7 | 22.3 | 55.4 | 26.7 | 64.3 |

表 10-4　在不同电流密度下典型的晶态 POMOF 基超级电容器电极材料汇总

| 电极材料 | 比电容/<br>$(F \cdot g^{-1})$ | 电流密度/<br>$(A \cdot g^{-1})$ |
|---|---|---|
| $[Cu^{II}(C_{12}H_{12}N_6)_2]_2[SiW_{12}O_{40}]$ | 73.1 | 5 |
| $[Cu^{I}(C_{12}H_{12}N_6)]_4[SiW_{12}O_{40}]$ | 90.4 | 5 |
| $[Cu_4^{I}(C_{12}H_{12}N_6)_3][SiW_{12}O_{40}] \cdot 2H_2O$ | 45.4 | 5 |
| $[\{Cu_6^{II}(C_{12}H_{12}N_6)_7(H_2O)_{12}\}H_4 \subset (W_{12}-O_{40})_2] \cdot 12H_2O$ | 42.3 | 5 |
| $[\{Cu_7^{II}(C_{12}H_{12}N_6)_8(H_2O)_{10}\}H_2 \subset (W_{12}-O_{40})_2] \cdot 2H_2O$ | 15.7 | 5 |
| $[\{Cu_{10}^{II}Cu_2^{I}(C_{12}H_{12}N_6)_{11}(H_2O)_{16}\}H_2 \subset -(W_{12}O_{40})_3] \cdot 6H_2O$ | 26.4 | 5 |
| $[H(C_{10}H_{10}N_2)Cu_2][PMo_{12}O_{40}]$ | 250 | 2 |
| $[H(C_{10}H_{10}N_2)Cu_2][PW_{12}O_{40}]$ | 123 | 2 |
| $[Cu_3^{I}(C_4H_4N_2)_2(C_{12}H_8N_2)_3]_2[Cu^{I}(C_{12}H_8N_2)_2] -$ <br> $[\{Na(H_2O)_2\}\{(V_5^{IV}Cu^{II}O_6)(As^{III}W_9O_{33})_2\}] \cdot 6H_2O$ | 825 | 2.4 |
| $[\{Ag_5(C_4H_4N_2)_7\}(BW_{12}O_{40})]$ | 1058 | 2.16 |
| $[\{Ag_5(C_4H_4N_2)_7\}(SiW_{12}O_{40})](OH) \cdot H_2O$ | 986 | 2.16 |
| $[\{Ag_5(C_4H_4N_2)_7\}(SiW_{12}O_{40})](OH) \cdot H_2O$ | 1611 | 2.16 |
| $(C_{12}H_6N_2)_3\{[Cu(C_5H_3N_6)(H_2O)][P_2W_{18}O_{62}]\} \cdot 5H_2O$ | 168 | 5 |
| $[Ag_5(C_2H_2N_3)_6][H_5 \subset SiMo_{12}O_{40}]@15\% GO$ | 230.2 | 0.5 |
| $[Cu_4^{I}H_2(C_{12}H_{12}N_6)_5(PMo_{12}O_{40})_2] \cdot 2H_2O$ | 177.0 | 2 |
| $[Cu_2^{II}(C_{12}H_{12}N_6)_4(PMo_9^{VI}Mo_3^{V}O_{39})]$ | 154.5 | 3 |
| $[Cu_2^{II}(bipy)(H_2O)_4(C_6H_5PO_3)_2Mo_5O_{15}]$ | 160.9 | 2 |

## 10.4.3　化合物 24~28 的电化学阻抗

进一步探讨化合物 24~28 在开路电压(0.4 V)下的电化学阻抗谱。在 0.5 mol · L⁻¹ H₂SO₄溶液中,EIS 测量频率从 100k Hz 到 0.1Hz,幅值为 10 mV。如图 10-17(a)所示,嵌入的阻抗图显示了化合物 24~28 和母体 Strandberg 型多酸团簇在高频区域的放大图像。高频区能奎斯特曲线的 $x$ 轴截距被认为是电活性材料基电极的电阻。值得一提的是,化合物 24~28 的欧姆阻抗明显低于母体 Strandberg 型多酸团簇(P)。由于 24~28 - GCE 具有较高的电荷转移速率。根据图 10 – 18 中的等效电路拟合图,可以计算溶液电阻和电子转移电阻。化合物 24～28 的 $R_s$ 和 $R_{ct}$ 值(表 10 – 5),表明较高电化学电容性能与较低的电荷转移电阻有关,在低频区,曲线的斜率表示 Warburg 阻抗,并作为电解质与电极之间的扩散效应。显然,化合物 28 在低频区的奈奎斯特曲线比化合物 24～27 具有更好的梯度直线。化合物 28 在低频区域的最大斜率表明在 24～28 – GCE 中表现出最低的扩散电阻,高频处的最小交点表示最低欧姆阻抗。结果表明,特殊的叠加四边形窗口三维框架对提高电容性能起着积极的作用。此外,以 0.5 mol · L$^{-1}$ H$_2$SO$_4$ 溶液为电解质,在电流密度为 10 A · g$^{-1}$下充放电循环 1000 次,测定了 24～28 – GCE 的电化学循环稳定性。如图 10 – 17(b)和 10 – 19 所示,在 1000 次充放电循环后,24～28 – GCE 表现出良好的电容稳定性,28 – GCE 仍能保留 95.6% 的比电容。值得注意的是,化合物 24～28 的稳定性可归因于它们在酸性溶液中获得的有机磷取代的 Strandberg 型过渡金属多酸团簇基配位聚合物结构,内部 Strandberg 型多酸团簇具有在不改变其本身的结构性质下的可逆多电子转移能力。

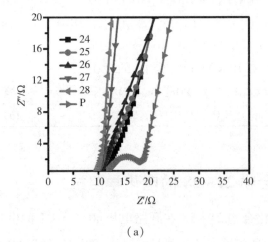

(a)

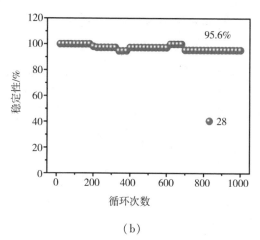

（b）

图 10 - 17　（a）化合物 24 ~ 28 – GCE 和 P – GCE 的能奎斯特曲线
（b）在电流密度为 10 A · g$^{-1}$ 的情况下,28 – GCE 在 1000 次充放电循环中的循环稳定性

图 10 - 18　化合物 24 ~ 28 的等效电路图

表 10 - 5　在化合物 24 ~ 28 中,通过所提出的等效电路计算 $R_s$ 和 $R_{ct}$ 的计算值

| 化合物 | $R_s/\Omega$ | $R_{ct}/\Omega$ |
| --- | --- | --- |
| 24 | 10.79 | 7.92 |
| 25 | 10.51 | 7.17 |
| 26 | 10.18 | 5.71 |
| 27 | 9.91 | 4.75 |
| 28 | 9.63 | 3.90 |

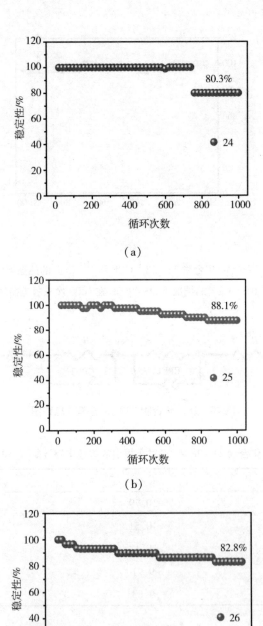

（a）

（b）

（c）

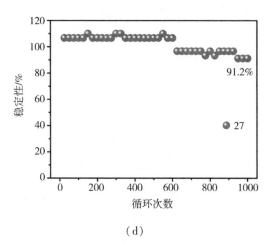

（d）

**图 10 - 19　24 ~ 27 - GCE 在 1000 次循环中的循环稳定性**

## 10.5　本章小结

如图 10 - 20 所示,为了探究 pH 值对新型有机过渡金属多酸团簇基配位聚合物组装的影响,在相同的反应体系[ C$_6$H$_5$PO$_3$H$_2$/Na$_2$MoO$_4$・2H$_2$O/Cu( CH$_3$ COO)$_2$/4,4 - bipy],分别在相同的反应条件下,调节不同的 pH 值,合成出 5 种新颖有机磷取代的 Strandberg 型过渡金属多酸团簇基配位聚合物。化合物 24 是一种由质子化的有机 bipy 配体和(PhP)$_2$Mo$_5$ 多酸团簇通过氢键作用和 π - π 作用形成的 0D 超分子结构。化合物 25 代表有机 bipy 配体和(PhP)$_2$Mo$_5$ 多酸团簇分子间氢键和 π - π 作用形成独特的 1D 半封闭窗口通道结构。化合物 26 和 27 是代表了首个 Strandberg 型多酸团簇 1D + 1D→2D 交错结构和 2D + 2D→ 3D 交错结构。化合物 28 是一种新颖的(3,4)连接具有(8¹・6²)(8³・6³)拓扑的 3D 微孔框架。对化合物 24 ~ 28 作为电极材料的电化学电容器性能进行研究。首次探索了有机磷取代的 Strandberg 型过渡金属多酸团簇基配位聚合物作为超级电容器电极材料。化合物 28 在电流密度为 2 A・g$^{-1}$ 的情况下,比电容最高为 160.9 F・g$^{-1}$,为了保证电化学循环稳定性,在电流密度为 10 A・g$^{-1}$ 下充放电循环 1000 次,电容的保留率为 95.6%。化合物 24 ~ 28 表现出不同的分子结构,从 0D 超分子结构、交错结构到复杂的三维框架结构。pH 值在有机磷

Strandberg 型多酸团簇基配位聚合物的合成和组装起到关键作用。值得一提的是,化合物 24～28 作为电化学电容器电极材料在研究作为高性能储能设施的基础研究和技术具有很大的潜力。

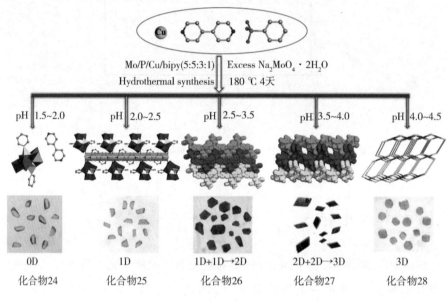

图 10－20　pH 值对化合物 24～28 结构的影响

# 参考文献

[1] ANWAR N, VAGIN M, LAFFIR F, et al. Transition metal ion – substituted polyoxometalates entrapped in polypyrrole as an electrochemical sensor for hydrogen peroxide[J]. Analyst, 2012, 137: 624 – 630.

[2] POPE M T. Heteropoly and isopolyoxometalates [M]. Berlin: Springer – Verlag, 1983.

[3] 王恩波, 胡长文, 许林. 多酸化学导论[M]. 北京: 化学工业出版社出版, 1998.

[4] 李佳, 陈亚光. 过渡金属修饰的多钨酸盐的水热合成、晶体结构及表征[D]. 长春: 东北师范大学, 2009: 7 – 12.

[5] MIRAS H N, NADAL L V, CRONIN L. Polyoxometalate based open – frameworks (POM – OFs)[J]. Chem. Soc. Rev, 2014, 43(16): 5679 – 5699.

[6] LONG D L, BURKHOLDER E, CRONIN L. Polyoxometalate clusters, nanostructures and materials: From selfassembly to designer materials and devices[J]. Chem. Soc. Rev, 2007, 36(1): 105 – 121.

[7] KATSOULIS D E. A Survey of Applications of polyoxometalates[J]. Chem. Rev, 1998, 98(1): 359 – 387.

[8] SONG J, LUO Z, BRITT D K, et al. A multiunit catalyst with synergistic stability and reactivity: A polyoxometalate – metal organic framework for aerobic decontamination[J]. J. Am. Chem. Soc, 2011, 133(42): 16839 – 16846.

[9] SUN C Y, LIU S X, LIANG D D, et al. Highly stable crystalline catalysts

based on a microporous metal – organic framework and polyoxometalates[J]. J. Am. Chem. Soc, 2009, 131(5): 1883 – 1888.

[10]HAN Q X, HE C, ZHAO M, et al. Engineering chiral polyoxometalate hybrid metal – organic frameworks for asymmetric dihydroxylation of olefins[J]. J. Am. Chem. Soc, 2013, 135(28): 10186 – 10189.

[11]JAMES S L. Metal – organic frameworks[J]. Chem. Soc. Rev, 2003, 32 (5): 276 – 288.

[12]HOSKINS B F, ROBSON R. Infinite polymeric frameworks consisting of three dimensionally linked rod – like segments[J]. J. Am. Chem. Soc, 1989, 111 (15): 5962 – 5964.

[13]FUJITA M, KWON Y J, WASHIZU S, et al. Preparation, clathration ability, and catalysis of a two – dimensional square network material composed of cadmium(II) and 4,4' – bipyridine[J]. J. Am. Chem. Soc, 1994, 116 (3): 1151 – 1152.

[14]YAGHI O M, LI G M, LI H. Selective binding and removal of guests in a microporous metal – organic framework [J]. Nature, 1995, 378 (6558): 703 – 706.

[15]LI H L, EDDAOUDI M, O'KEEFFE M, et al. Design and synthesis of an exceptionally stable and highly porous metal – organic framework[J]. Nature, 1999, 402(6759): 276 – 279.

[16] MOGHIMI N S, LEUNG K T. FePt alloy nanoparticles for biosensing: enhancement of vitamin C sensor performance and selectivity by nanoalloying [J]. Anal. Chem, 2013, 85: 5974 – 5980.

[17] WANG J P, THOMAS D F, CHEN A C. Nonenzymatic electrochemical glucose sensor based on nanoporous PtPb networks[J]. Anal. Chem, 2008, 80: 997 – 1004.

[18]JING S B, WANG Z L, ZHU W C, et al. Ocidation of cyclohexane with hydrogen peroxide catalyzed by Dawson – type vanadium – substituted heteropolyacids[J]. React. Kinet. Catal. L, 2006, 89: 55 – 61.

[19]BERTONCELLO P, LYNN D, FORSTER R J, et al. Nafion – tris(2 – 2' –

bipyridyl) ruthenium ( II ) ultrathin langmuir – Schaefer films：Redox catalysis and electrochemiluminescent properties [ J ]. Anal. Chem, 2007, 79：7549 – 7553.

[20]ZHANG B, SHI S X, SHI W Y, et al. Assembly of ruthenium( II ) complex/layered double hydroxide ultrathin film and its application as an ultrasensitive electrochemiluminescence sensor[J]. Electrochim. Acta, 2012, 67：133 – 139.

[21] HUANG H, YUAN Q, YANG X R. Preparation and characterization of metal – chitosan nanocomposites[J]. Colloids Surf. B：Biointerfaces, 2004, 39：31 – 37.

[22]SHI S Y, ZOU Y C, CUI X B, et al. 0 D and 1 D dimensional structures based on the combination of polyoxometalates, transition metal coordination complexes and organic amines[J]. CrystEngComm, 2010, 12：2122 – 2128.

[23]BAO Y Y, BI L H, WU L X. One – step synthesis and stabilization of gold nanoparticles and multilayer film assembly[J]. J. Solid State Chem, 2011, 184：546 – 556.

[24] KRAMAREVA N V, STAKHEEV A Y, TKACHENKO O P, et al. Heterogenized palladium chitosan complexes as potential catalysts in oxidation reactions：study of the structure[J]. J. Mol. Catal. A – Chem, 2004, 209：97 – 106.

[25] SUN Y X, GUO Y, LU Q Z, et al. Highly selective asymmetry transfer hydrogenation of prochiral acetophenone catalyzed by palladium – chitosan on silica[J]. Catal. Lett, 2005, 100：213 – 217.

[26]LI M, BO X J, ZHANG Y F, et al. One – pot ionic liquid – assisted synthesis of highly dispersed PtPd nanoparticles/reduced graphene oxide composites for nonenzymatic glucose detection [ J ]. Biosens. Bioelectron, 2014, 56：223 – 230.

[27]KANG L, MA H Y, YU Y, et al. Study on amperometric sensing performance of a crown – shaped phosphotungstate – based multilayer film [ J ]. Sens. Actuators B：Chem, 2013, 177：270 – 278.

[28] HUANG H Z, YUAN Q, YANG X R. Preparation and characterization of

metal – chitosan nanocomposites[J]. Colloids Surf. B: Biointerfaces, 2004, 39: 31 – 37.

[29] ZHANG L, NING L, ZHANG Z F, et al. Fabrication and electrochemical determination of l – cysteine of a composite film based on V – substituted polyoxometalates and Au@2Ag core – shell nanoparticles[J]. Sens. Actuators B, 2015, 221: 28 – 36.

[30] LI Y L, YANG X R, YANG F, et al. Effective immobilization of Ru(bpy)$_3^{2+}$ by functional composite phosphomolybdic acid anion on an electrode surface for solid – state electrochemiluminescene to sensitive determination of NADH[J]. Electrochim. Acta, 2012, 66: 188 – 192.

[31] LI S, MA H Y, O' HALLORAN K P, et al. Enhancing characteristics of a composite film by combination of vanadium – substituted molybdophosphate and platinum nanoparticles for an electrochemical sensor[J]. Electrochim. Acta, 2013, 108: 717 – 726.

[32] LIU S Q, KURTH D G, BREDENKOTTER B, et al. The structure of self – assembled multilayers with polyoxometalate nanoclusters[J]. J. Am. Chem. Soc, 2002, 124: 12279 – 12287.

[33] WANG X L, GAO Q, TIAN A X, et al. Effect of the Keggin anions on assembly of Cu$^I$ – bis(tetrazole) thioether complexes containing multinuclear Cu$^I$ – cluster[J]. J. Solid State Chem, 2012, 187: 219 – 224.

[34] ZHANG D, CHEN Y Y, PANG H J, et al. Enhanced electrochromic performance of a vanadium – substituted tungstophosphate based on composite film by incorporation of cadmium sulfide nanoparticles[J]. Electrochim. Acta, 2013, 105: 560 – 568.

[35] AMMAM M, MBOMEKALLE I M, KEITA B, et al. [As$_8$W$_{48}$O$_{184}$]$^{40-}$, a new crown – shaped heteropolyanion: electrochemistry and electrocatalytic properties towards reduction of nitrite[J]. Electrochim. Acta, 2010, 55: 3118 – 3122.

[36] WANG L, TRICARD S, CAO L H, et al. Prussian blue/1 – butyl – 3 – methylimidazolium tetrafluoroborate – graphite felt electrodes for efficient

electrocatalytic determination of nitrite[J]. Sens. Actuators B: Chem, 2015, 214: 70 – 75.

[37] LI S S, HU Y Y, WANG A J, et al. Simple synthesis of worm – like Au – Pd nanostructures supported on reduced graphene oxide for highly sensitive detection of nitrite[J]. Sens. Actuators B: Chem, 2015, 208: 468 – 474.

[38] TESSONNIER J P, STEPHANIE G R, ALIA S, et al. Structure, stability, and electronic interactions of polyoxometalates on functionalized graphene sheets[J]. Langmuir, 2013, 29: 393 – 402.

[39] FERNANDES D M, TEIXEIRA A, FREIRE C. Multielectrocatalysis by layer – by – layer films based on pararosaniline and vanadium – substituted phosphomolybdate[J]. Langmuir, 2015, 31(5): 1855 – 1865.

[40] HOSSAIN M F, PARK J Y. Amperometric glucose biosensor based on Pt – Pd nanoparticles supported by reduced graphene oxide and integrated with glucose oxidase[J]. Electroanal, 2014, 26: 1 – 12.

[43] CUI L L, PU T, LIU Y, et al. Layer – by – layer construction of graphene/ cobalt phthalocyanine composite film on activated GCE for application as a nitrite sensor[J]. Electrochim. Acta, 2013, 88: 559 – 564.

[44] LING Y Y, HUANG Q A, ZHU M S, et al. A facile one – step electrochemical fabrication of reduced graphene oxide – mutilwall carbon nanotubes – phospotungstic acid composite for dopamine sensing [J]. J. Electroanal. Chem, 2013, 693: 9 – 15.

[45] 张迪. 基于钒取代磷钨酸盐复合薄膜的制备及传感性质研究[D]. 哈尔滨: 哈尔滨理工大学, 2014.

[46] SUN W L, YANG F, LIU H Z. Electrochemical and electrocatalytic properties of Iridium ( IV ) – substituted Dawson type polyoxotungstate [ J ]. J. Electroanal. Chem, 1998, 451: 49 – 57.

[47] ZHU W, ZHANG W J, LI S, et al. Fabrication and electrochemical sensing performance of a composite film containing a phosphovanadomolybdate and cobalt( II ) tetrasulfonate phthalocyanine [ J ]. Sens. Actuators B: Chem, 2013, 181: 773 – 781.

［48］ZHANG Y F, BO X J, NSABIMANA A, et al. Green and facile synthesis of an Au nanoparticles @ polyoxometalate/ordered mesoporous carbon tri - component nanocomposite and its electrochemical applications［J］. Biosens. Bioelectron, 2015, 66: 191 - 197.

［49］KOOSHKI M, ABDOLLAHI H, BOZORGZADEH S, et al. Second - order data obtained from differential pulse voltammetry: Determination of tryptophan at gold nanoparticles decorated multiwalled carbon nanotube modified glassy carbon electrode［J］. Electrochim. Acta, 2011, 56(24): 8618 - 8624.

［50］TALEB M, IVANOV R, BEREZNEV S, et al. Alumina/graphene/Cu hybrids as highly selective sensor for simultaneous determination of epinephrine, acetaminophen and tryptophan in human urine［J］. J. Electroanal. Chem, 2018, 823: 184 - 192.

［51］LIU X P, ZHANG J L, DI J W, et al. Graphene - like carbon nitride nanosheet as a novel sensing platform for electrochemical determination of tryptophan［J］. J. Colloid Interface Sci, 2017, 505: 964 - 972.

［52］NAROUEI F H, TAMMANDANI H K, GHALANDARZEHI Y, et al. An electrochemical sensor based on conductive polymers/graphite paste electrode for simultaneous determination of dopamine, uric acid and tryptophan in biological samples［J］. Int. J. Electrochem. Sci, 2017, 12: 7739 - 7753.

［53］熊裕豪. 新型纳米模拟酶的设计合成及应用研究［D］. 广西:广西师范大学,2016.

［54］RIZWAN M, ELMA S, LIM S A, et al. Au NPs/CNOs/SWCNTs/chitosan - nanocomposite modified electrochemical sensor for the label - free detection of carcinoembryonic antigen［J］. Biosens. Bioelectron, 2018, 107: 211 - 217.

［55］KAI L, YOU H P, JIA G, et al. Hierarchically nanostructured coordination polymer: facile and rapid fabrication and tunable morphologies［J］. Cryst. Growth. Des, 2010, 10(2): 790 - 797.

［56］RAMACHANDRAN R, XUAN W L, ZHAO C H, et al. Enhanced electrochemical properties of cerium metal - organic framework based composite electrodes for high - performance supercapacitor application［J］. RSC Adv,

2018, 8(7): 3462 –3469.

[57] XIONG Y H, CHEN S H, YE F G, et al. Synthesis of a mixed valence state Ce – MOF as an oxidase mimetic for the colorimetric detection of biothiols[J]. Chem. Commun, 2015, 51(22): 4635 –4638.

[58] LI C, ZHANG T T, ZHAO J Y, et al. Boosted sensor performance by surface modification of bifunctional *rht* – type metal – organic framework with nanosized electrochemically reduced graphene oxide[J]. ACS Appl. Mater. Interfaces, 2017, 9(3): 2984 –2994.

[59] PENG B G, CUI J W, WANG Y, et al. $CeO_{2-x}$/C/rGO nanocomposites derived from Ce – MOF and graphene oxide as a robust platform for highly sensitive uric acid detection[J]. Nanoscale, 2017, 10(4): 1939 –1945.

[60] JAMPAIAH D, REDDY T S, KANDJANI A E, et al. Fe – doped $CeO_2$ nanorods for enhanced peroxidase – like activity and their application towards glucose detection[J]. J. Mater. Chem. B, 2016, 4(22): 3874 –3885.

[61] FERNANDES D M, GHICA M E, CAVALEIRO A M V, et al. Electrochemical impedance study of self – assembled layer – by – layer iron – silicotungstate/poly (ethylenimine) modified electrodes [J]. Electrochim. Acta, 2011, 56(23): 7940 –7945.

[62] WU X Q, MA J G, LI H, et al. Metal – organic framework biosensor with high stability and selectivity in a bio – mimic environment[J]. Chem. Commun, 2015, 51(44): 9161 –9164.

[63] SHAHZAD F, ZAIDI S A, KOO C M. Highly sensitive electrochemical sensor based on environmentally friendly biomass – derived sulfur – doped graphene for cancer biomarker detection[J]. Sensor Actuat. B – Chem, 2017, 241: 716 – 724.

[64] KUMAR J V, KARTHIK R, CHEN S M, et al. Green synthesis of a novel flower – like cerium vanadate microstructure for electrochemical detection of tryptophan in food and biological samples[J]. J. Colloid Interface Sci, 2017, 496: 78 –86.

[65] PAZ ZANINI V I, GIMÉNEZ R E, LINAREZ PÉREZ O E, et al.

Enhancement of amperometric response to tryptophan by proton relay effect of chitosan adsorbed on glassy carbon electrode[J]. Sensor Actuat. B – Chem, 2015, 209: 391 –398.

[66] FAN Y, LIU J H, LU H T, et al. Electrochemistry and voltammetric determination of L – tryptophan and L – tyrosine using a glassy carbon electrode modified with a nafion/$TiO_2$ – graphene composite film[J]. Microchim. Acta, 2011, 173(1 –2): 241 –247.

[67] SHA R, VISHNU N, BADHULIKA S. Bimetallic Pt – Pd nanostructures supported on $MoS_2$ as an ultra – high performance electrocatalyst for methanol oxidation and nonenzymatic determination of hydrogen peroxide [ J ]. Microchim. Acta, 2018, 185(8): 399 –410.

[68] JIN G P, LIN X Q. The electrochemical behavior and amperometric determination of tyrosine and tryptophan at a glassy carbon electrode modified with butyrylcholine[J]. Electrochem. Commun, 2004, 6(5): 454 –460.

[69] HUANG K J, XU C X, XIE W Z, et al. Electrochemical behavior and voltammetric determination of tryptophan based on 4 – aminobenzoic acid polymer film modified glassy carbon electrode[J]. Colloid Surface B, 2009, 74(1): 167 –171.

[70] TANG X F, LIU Y, HOU H Q, et al. A nonenzymatic sensor for xanthine based on electrospun carbon nanofibers modified electrode[J]. Talanta, 2011, 83(5):1410 –1414.

[71] MU S L, SHI Q F. Xanthine biosensor based on the direct oxidation of xanthine at an electrogenerated oligomer film[J]. Biosens. Bioelectron, 2013, 47(2):429 –435.

[72] PAGLIARUSSI R S, FREITAS L A P, BASTOS J K. A quantitative method for the analysis of xanthine alkaloids in Paullinia cupana ( guarana) by capillary column gas chromatography[J]. J. Sep. Sci, 2015, 25(5 –6): 371 –374.

[73] COOPER N, KHOSRAVAN R, ERDMANN C, et al. Quantification of uric acid, xanthine and hypoxanthine in human serum by HPLC for pharmacodynamic studies[J]. J. Chromatogr. B, 2006, 837(1): 1 –10.

[74] BECKMAN J S, PARKS D A, PEARSON J D, et al. A sensitive fluorometric assay for measuring xanthine dehydrogenase and oxidase in tissues[J]. Free Radical Bio. Med, 1989, 6(6): 607 – 615.

[75] HLAVAY J, HAEMMERLI S D, GUILBAULT G G. Fibre – optic biosensor for hypoxanthine and xanthine based on a chemiluminescence reaction [J]. Biosens. Bioelectron, 1994, 9(3): 189 – 195.

[76] SHAN D, WANG Y N, ZHU M J, et al. Development of a high analytical performance – xanthine biosensor based on layered double hydroxides modified – electrode and investigation of the inhibitory effect by allopurinol[J]. Biosens. Bioelectron, 2009, 24(5): 1171 – 1176.

[77] RAFIEE M, KHALAFI L. The electrochemical study of catecholamine reactions in the presence of nitrite ion under mild acidic conditions [J]. Electrochim. Acta, 2010, 55(5): 1809 – 1813.

[78] ZHANG X, LUO J S, TANG P Y, et al. Ultrasensitive binder – free glucose sensors based on the pyrolysis of in situ grown Cu MOF[J]. Sensor Actuat. B – Chem, 2018, 254: 272 – 281.

[79] ZHU D, MA H Y, PANG H J, et al. Facile fabrication of a non – enzymatic nanocomposite of heteropolyacids and $CeO_2$ @ pt alloy nanoparticles doped reduced graphene oxide and its application towards the simultaneous determination of xanthine and uric acid[J]. Electrochim. Acta, 2018, 266: 54 – 65.

[80] IBRAHIM H, TEMERK Y. A novel electrochemical sensor based on b doped $CeO_2$ nanocubes modified glassy carbon microspheres paste electrode for individual and simultaneous determination of xanthine and hypoxanthine[J]. Sensor Actuat. B – Chem, 2016, 232: 125 – 137.

[81] WANG M, ZHENG, Z X, LIU J J, et al. Pt – Pd bimetallic nanoparticles decorated nanoporous graphene as a catalytic amplification platform for electrochemical detection of xanthine [J]. Electroanal, 2017, 29 (5): 1258 – 1266.

[82] DERVISEVIC M, DERVISEVIC E, CEVIK E, et al. Novel electrochemical

xanthine biosensor based on chitosan – polypyrrole – gold nanoparticles hybrid bio – nanocomposite platform [ J ]. J. Food Drug Anal, 2017, 25 ( 3 ): 510 – 519.

[83]ZHANG X J, DONG J P, QIAN X Z, et al. One – pot synthesis of an RGO/ ZnO nanocomposite on zinc foil and its excellent performance for the nonenzymatic sensing of xanthine[ J ]. Sensor Actuat. B – Chem, 2015, 221: 528 – 536.

[84] YIN D D, LIU J, BO X J, et al. Porphyrinic metal – organic framework/ macroporous carbon composites for electrocatalytic applications [ J ]. Electrochim. Acta, 2017, 247: 41 – 49.

[85]LI Y Z, HUANGFU C, DU H J, et al. Electrochemical behavior of metal – organic framework MIL – 101 modified carbon paste electrode: An excellent candidate for electroanalysis[ J ]. J. Electroanal. Chem, 2013, 709: 65 – 69.

[86]TERANISHI T, HOSOE M, TANAKA T, et al. Size control of monodispersed Pt nanoparticles and their 2D organization by electrophoretic deposition[ J ]. J. Phys. Chem, 1999, 103(19): 3818 – 3827.

[87]ZHAO M T, YUAN K, WANG Y, et al. Metal – organic frameworks as selectivity regulators for hydrogenation reactions [ J ]. Nature, 2016, 539 (7627): 76 – 80.

[88]TIAN N, JIA Q M, SU H Y, et al. The synthesis of mesostructured $NH_2$ – MIL – 101( Cr ) and kinetic and thermodynamic study in tetracycline aqueous solutions[ J ]. J. Porous Mat, 2016, 23(5): 1269 – 1278.

[89 ] MAKSIMCHUK N V, TIMOFEEVA M N, MELGUNOV M S, et al. Heterogeneous selective oxidation catalysts based on coordination polymer MIL – 101 and transition metal – substituted polyoxometalates[ J ]. J. Catal, 2008, 257(2): 315 – 323.

[90] EZHIL VILIAN A T, DINESH B, MURUGANANTHAM R, et al. A screen printed carbon electrode modified with an amino – functionalized metal organic framework of type MIL – 101 ( Cr ) and with palladium nanoparticles for voltammetric sensing of nitrite [ J ]. Microchim. Acta, 2017, 184 ( 12 ):

4793 – 4801.

[91]LUAN Y, YANG M, MA Q Q, et al. Introduction of an organic acid phase changing material into metal – organic frameworks and the study of its thermal properties[J]. J. Mater. Chem. A, 2016, 4(20): 7641 – 7649.

[92]ZHAO M T, YUAN K, WANG Y, et al. Metal – organic frameworks as selectivity regulators for hydrogenation reactions [J]. Nature, 2016, 539 (7627): 76 – 80.

[93]ZHANG C, HONG Y H, DAI R, et al. Highly active hydrogen evolution electrodes via co – deposition of platinum and polyoxometalates [J]. ACS Appl. Mater. Interfaces, 2015, 7(21): 11648 – 11653.

[94]WANG Q X, YANG Y Z, GAO F, et al. Graphene oxide directed one – step synthesis of flowerlike graphene@ HKUST – 1 for enzyme – free detection of hydrogen peroxide in biological samples[J]. ACS Appl. Mater. Interfaces, 2016, 8(47): 32477 – 32487.

[95]HONG D Y, HWANG Y K, SERRE C, et al. Porous chromium terephthalate MIL – 101 with coordinatively unsaturated sites: Surface functionalization, encapsulation, sorption and catalysis [J]. Adv. Funct. Mater, 2009, 19 (10): 1537 – 1552.

[96]CHEN X M, WU G H, CHEN J M, et al. Synthesis of "clean" and well – dispersive Pd nanoparticles with excellent electrocatalytic property on graphene oxide[J]. J. Am. Chem. Soc, 2011, 133(11): 3693 – 3695.

[97]WANG Y, WANG L, CHEN H H, et al. Fabrication of highly sensitive and stable hydroxylamine electrochemical sensor based on gold nanoparticles and metal – metalloporphyrin framework modified electrode[J]. ACS Appl. Mater. Interfaces, 2016, 8(28): 18173 – 18181.

[98]LI Y C, JIANG Y Y, SONG Y Y, et al. Simultaneous determination of dopamine and uric acid in the presence of ascorbic acid using a gold electrode modified with carboxylated graphene and silver nanocube functionalized polydopamine nanospheres[J]. Microchim. Acta, 2018, 185(8): 382 – 390.

[99]GHAZIZADEH A J, AFKHAMI A, BAGHERI H. Voltammetric determination

of 4 – nitrophenol using a glassy carbon electrode modified with a gold – ZnO – $SiO_2$ nanostructure[J]. Microchim. Acta, 2018, 185(6): 296 – 395.

[100] KALIMUTHU P, LEIMKUHLER S, BERNHARDT P V. Low – potential amperometric enzyme biosensor for xanthine and hypoxanthine[J]. Anal. Chem, 2012, 84(23): 10359 – 10365.

[101] KUMAR A S, SWETHA P. Ru(DMSO)$_4$Cl$_2$ nano – aggregated nafion membrane modified electrode for simultaneous electrochemical detection of hypoxanthine, xanthine and uric acid[J]. J. Electroanal. Chem, 2010, 642 (2): 135 – 142.

[102] LAVANYA N, SEKAR C, MURUGAN R, et al. An ultrasensitive electrochemical sensor for simultaneous determination of xanthine, hypoxanthine and uric acid based on Co doped $CeO_2$ nanoparticles[J]. Mater. Sci. Eng. C, 2016, 65: 278 – 286.

[103] IBRAHIM H, TEMERK Y. Sensitive electrochemical sensor for simultaneous determination of uric acid and xanthine in human biological fluids based on the nano – boron doped ceria modified glassy carbon paste electrode[J]. J. Electroanal. Chem, 2016, 780: 176 – 186.

[104] XU G B, CUI J M, LIU H, et al. Highly selective detection of cellular guanine and xanthine by polyoxometalate modified 3D graphene foam[J]. Electrochim. Acta, 2015, 168: 32 – 40.

[05] CHI Y N, CUI F Y, HU C W, et al. Assembly of Cu/Ag – quinoxaline – pol – yoxotungstate hybrids: Influence of Keggin and wells – Dawson polyanions on the structure[J]. J. Sold. State. Chem, 2013, 199(10): 230 – 239.

[106] ZHANG C J, PANG H J, TANG Q, et al. Three 3D octamolybdate – based hybrids with 1D – 3D Cu – I/Cu – II – bis(triazole) motifs: influence of the amount of $Et_3N$[J]. New J. Chem, 2011, 35(1): 190 – 196.

[107] ZHANG C J, PANG H J, TANG Q, et al. Tailoring microstructures of isopolymolybdates: regular tuning of the ligand spacer length and metal coordination preferences[J]. Dalton Trans, 2010, 39(34): 7993 – 7999.

[108]SHA J Q, PENG J, ZHANG Y, et al. Assembly of multiply chain – modified polyoxometalates; from one – to three – dimensional and from finite to infinite track[J]. Cryst Growth Des, 2009, 9(4): 1708 –1715.

[109] CARLUCCI L, CIANI G, PROSERPIO D M, et al. Entangled two – dimensional coordination networks; a general survey[J]. Chem. Rev, 2014, 114(15): 7557 –7580.

[110]HE W W, LI S L, ZANG H Y, et al. Entangled structures in polyoxometalate – based coordination polymers[J]. Coord. Chem. Rev, 2014, (279): 141 – 160.

[111]DONG B X, XU Q. Structural investigation of flexible 1,4 – Bis(1,2,4 – triazol – 1 – ylmethyl) benzene ligand in Keggin – based polyoxometalate frameworks[J]. Cryst Growth Des, 2009, 9(6): 2776 –2782.

[112]DONG B X, XU Q. Investigation of flexible organic ligands in the molybdate system; delicate influence of a peripheral cluster environment on the isopolymolybdate frameworks[J]. Inorg. Chem, 2009, 48(13): 5861 –5873.

[113]LIU H Y, WU H, MA J F, et al. Inorganic – organic hybrid compounds based on octamolybdates and metal – organic fragments with flexible multidentate ligand; syntheses, structures and characterization[J]. Dalton Trans, 2011, 40(3): 602 –613.

[114] KEGGIN F. Structure of the molecule of 12 – phosphotungstic acid[J]. Nature, 1933, (131): 908 –909.

[115]EVANS H T, POPE M T. Reinterpretation of five recent crystal structures of heteropoly and isopoly complexes; divanadodecamolybdophosphate, trivanadoenneamolybdophosphate, dodecatungstophosphate, the dodecamolybdate – dodecamolybdomolybdate blue complex, and dihydrogen decavanadatc[J]. Inorg. Chem, 1984, 23(4): 501 –504;

[116]PANG H J, PENG J, ZHANG C J, ct al. A polyoxometalate – encapsulated 3D porous metal – organic pseudo – rotaxane framework [ J ]. Chem. Commun, 2010, 46(28): 5097 –5099.

[117]BROWN I D , ALTERMATT D . Bond – valence parameters obtained from a

systematic analysis of the inorganic crystal structure database [J]. Acta Crystallogr. Sect. B, 1985, (41): 244 –247.

[118]WANG X L, BI Y F, CHEN B K, et al. Self – assembly of organic – inorganic hybrid materials constructed from eight – connected coordination polymer hosts with nanotube channels and polyoxometalate guests as templates [J]. Inorg. Chem, 2008, 47(7): 2442 –2448.

[119]ZANG H Y, LAN Y Q, LI S L, et al. Step – wise synthesis of inorganic – organic hybrid based on γ – octamolybdate – based tectons [J]. Dalton Trans, 2011, 40(13): 3176 –3182.

[120]GONG Y, WU T, LIN J. Metal – organic frameworks based on naphthalene – 1,5 – diyldioxy – di – acetate: structures, topologies, photoluminescence and photocatalytic properties[J]. CrystEngComm, 2012, 14(10): 3727 –3736.

[121]BAI H Y, MA J F, YANG J, et al. Eight two – dimensional and three – dimensional metal – organic frameworks based on a flexible tetrakis (imidazole) ligand: synthesis, topological structures, and photoluminescent properties[J]. Cryst. Growth Des, 2010, 10(4): 1946 –1959.

[122] HE X, ZHANG J, WU X Y, et al. Syntheses, crystal structures and properties of a series of 3D cadmium coordination polymers with different topologies[J]. Inorg. Chim. Acta, 2010, 363(8): 1727 –1734.

[123]LI W, JIA H P, JU Z F, et al. A novel chiral Cd(II) coordination polymer based on schiral unsymmetrical 3 – Amino – 1,2,4 – triazole with an unprecedented μ4 – bridging mode[J]. Cryst. Growth Des, 2006, 6(9): 2136 –2140.

[124]SU Z, FAN J, CHEN M, et al. Syntheses, characterization, and properties of three – dimensional pillared frameworks with entanglement [J]. Cryst. Growth Des, 2011, 11(4): 1159 –1169.

[125]XI X D, WANG G, LIU B F, et al. Electrochemical behavior of Bis(2: 17 – arsenotungstate) lanthanates and their electrocatalytic reduction for Nitrite [J]. Electrochim. Acta, 1995, 40(8): 1025 –1029.

[126] Han Z G, ZHAO Y L, PENG J, et al. The electrochemical behavior of

Keggin polyoxometalate modified by tricyclic, aromatic entity [J]. Electroanalysis, 2005, 17(12): 1097 – 1102.

[127] JIN H, QI Y F, WANG E B, et al. A novel copper(I) halide framework Templated by organic – inorganic hybrid polyoxometalate chains formed in situ: a new route for the design and synthesis of porous frameworks[J]. Eur. J. Inorg. Chem, 2006, (22): 4541 – 4545;

[128] QIN C, WANG X L, QI Y F, et al. A novel two – dimensional β – octamolybdate supported alkaline – earth metal complex: [Ba(DMF)$_2$(H$_2$O)]$_2$[Mo$_8$O$_{26}$] · 2DMF [J]. J. Solid State Chem, 2004, 177(10): 3263 – 3269.

[129] WANG X L, GAO Q, TIAN A X, et al. Effect of the Keggin anions on assembly of Cu$^I$ – bis(tetrazole) thioether complexes containing multinuclear Cu$^I$ – cluster[J]. J. Solid State Chem, 2012, (187): 219 – 224.

[130] KEITA B, BELHOUARI A, NADJO L, et al. Electrocatalysis by polyoxometalate/vbpolymer systems: Reduction of nitrite and nitric oxide[J]. J. Electroanal Chem, 1995, 381(1 – 2): 243 – 250.

[131] LI Z, LI M, ZHOU X P, et al. Metal – directed supramolecular architectures: from mononuclear to 3D frameworks based on in situ tetrazole ligand synthesis[J]. Cryst. Growth Des, 2007, 7(10):1992 – 998.

[132] CHEN C C, ZHAO W, LEI P X, et al. Photosensitized degradation of dyes in polyoxometalates solutions versus TiO$_2$ dispersions under visible – light irradiation:mechanistic implications [J]. Chem. Eur. J, 2004, 10(8): 1956 – 1965.

[133] HAO X L, MA Y Y, ZHOU W Z, et al. Polyoxometalates – based entangle coordination networks induced by an extended bis(triazole) ligand [J]. Chem. Asian J, 2014, 9(2): 3633 – 3640.

[134] YAGHI O M, O'KEEFFE M, OCKWIG N W, et al. Reticular synthesis and the design of new materials[J]. Nature, 2003, (423): 705 – 714.

[135] Al – RASBI N K, TIDMARSH I S, ARGENT S P, et al. Mixed – ligand molecular paneling: dodecanuclear cuboctahedral coordination cages based on

a combination of edge – bridging and face – capping ligands[J]. J. Am. Chem. Soc, 2008, 130(35): 11641 –11649.

[136] ADDISON A W, RAO T N. Synthesis, structure, and spectroscopic properties of copper (II) compounds containing nitrogen – sulphur donor ligands; the crystal and molecular structure of aqua [1, 7 – bis (N – methylbenzimidazol – 2′ – yl) – 2,6 – dithiaheptane]copper(II) perchlorate [J]. J. Chem. Soc. Daltontrans, 1984 (7): 1349 –1356.

[137] CARLUCCI L, CIANI G, PROSERPI O, et al. Open network architectures from the self – assembly of $AgNO_3$ and 5,10,15,20 – tetra(4 – pyridyl) porphyrin ($H_2$ tpyp) building blocks: the exceptional self – penetrating topology of the 3D network of [$Ag_8$ ($Zn^{II}$ tpyp)$_7$ ($H_2O$)$_2$] ($NO_3$)$_8$ [J]. Angew. Chem, Int. Ed, 2003, 42(3): 317 –322.

[138] QU X S, XU L, GAO G G, et al. Unprecedented eight – connected self – catenated network based on heterometallic {$Cu_4V_4O_{12}$} clusters as nodes[J]. Inorg. Chem, 2007, 46(12): 4775 –4777.

[139] LAN Y Q, LI S L, WANG X L, et al. Self – assembly of polyoxometalate – based metal organic frameworks based on octamolybdates and copper – organic units: from $Cu^{II}$, $Cu^{I,II}$ to $Cu^{I}$ via changing organic amine[J]. Inorg. Chem, 2008, 47(18): 8179 –8187.

[140] ZHANG P P, PENG J, PANG H J, et al. A Cu coordination polymer – modified [$V_4O_{12}$]$^{4-}$ polyanion with interdigitated architecture[J]. Inorg. Chem. Commun, 2010, 13(12): 1414 –1417.

[141] PANG H J, YANG M, MA H Y, et al. An unusual 3D interdigitated architecture assembled from Keggin polyoxometalates and dinuclear copper (II) complexes[J]. J. Solid. State. Chem, 2013, 198(10), 440 –444.

[142] ZHAI Q G, WU X Y, CHEN S M, et al. Construction of Ag/1,2,4 – triazole/polyoxometalates hybrid family varying from diverse supramolecular assemblies to 3 – D rod – packing framework[J]. Inorg. Chem, 2007, 46 (12): 5046 –5058.

[143] TANAKA D, NAKAGAWA K, HIGUCHI M, et al. Kinetic gate – opening

process in a flexible porous coordination polymer[J]. Angew. Chem. Int. Ed. 2008, 47(21): 3914 –3918.

[144]WANG X L, LI N, TIAN A X, et al. Two polyoxometalate – directed 3D metal – organic frameworks with multinuclear silver – ptz cycle/belts as subunits [J]. Dalton Trans, 2013, 42(41): 14856 –14865.

[145]BAI Y, ZHANG G Q, DANG D B, et al. Assembly of polyoxometalate – based inorganic – organic compounds from silver – Schiff base building blocks: synthesis, crystal structures and luminescent properties [ J ]. CrystEngComm, 2011, 13(12): 4181 –4187.

[146]QIU Y C, LIU Z H, LI Y H, et al. Reversible anion exchange and sensing in large porous materials built from 4, 4′ – Bipyridine via π... π and H – bonding interactions[J]. Inorg. Chem, 2008, 47(12): 5122 –5128.

[146] HE X, ZHANG J, WU X Y, et al. Syntheses, crystal structures and properties of a series of 3D cadmium coordination polymers with different topologies[J]. Inorg. Chim. Acta, 2010, 363(8): 1727 –1734.

[147]LI W, JIA H P, JU Z F, et al. A novel chiral Cd( II ) coordination polymer based on achiral unsymmetrical 3 – amino – 1, 2, 4 – triazole with an unprecedented $\mu_4$ – bridging mode[J]. Cryst. Growth Des, 2006, 6(9): 2136 –2140.

[148] QIN C, WANG X L, QI Y F, et al. A novel two – dimensional β – octamolybdate supported alkaline – earth metal complex: [ Ba ( DMF )$_2$ ( H$_2$ O) ]$_2$ [ Mo$_8$ O$_{26}$ ] · 2DMF [ J ]. J. Solid State Chem, 2004, 177 ( 10 ): 3263 –3269.

[149]ZHANG C D, LIU S X, SUN C Y, et al. Assembly of organic – inorganic hybrid materials based on Dawson – type polyoxometalate and multinuclear copper – phen complexes with unique magnetic properties[J]. Cryst. Growth Des, 2009, 9(8): 3655 –3660.

[150]TIAN A X, YING J, PENG J, et al. Assemblies of copper bis ( triazolc ) coordination polymers using the same Keggin polyoxometalate template[J]. Inorg. Chem, 2009, 48(1): 100 –110.

[151] ZHU S Y, LI H J, NIU W X, et al. Simultaneous electrochemical determination of uric acid, dopamine, and ascorbic acid at single – walled carbon nanohorn modified glassy carbon electrode [J]. Biosensors and Bioelectronics, 2009, 25(4): 940 – 943.

[152] LAN Y Q, LI S L, WANG X L, et al. Spontaneous resolution of chiral polyoxometalate – based compounds consisting of 3D chiral inorganic skeletons assembled from different helical units[J]. Chem. Eur. J, 2008, 14(32): 9999 – 10006.

[153] QU X S, XU L, GAO G G, et al. Unprecedented eight – connected self – catenated network based on heterometallic {Cu$_4$V$_4$O$_{12}$} clusters as nodes[J]. Inorg. Chem, 2007, 46(12): 4775 – 4777.

[154] WANG X L, QIN C, WANG E B, et al. Metal nuclearity modulated four –, six –, and eight – connected entangled frameworks based on mono –, bi –, and trimetallic cores as nodes [J]. Chem. Eur. J, 2006, 12(10): 2680 – 2691.

[155] DONG B X, PENG J, TIAN A X, et al. Two new inorganic – organic hybrid single pendant hexadecavanadate derivatives with bifunctional electrocatalytic activities [J]. Electrochim. Acta, 2007, 52(11): 3804 – 3812.

[156] QI Y F, WANG E B, LI J, et al. Two organic – inorganic poly(pseudo – rotaxane) – like composite solids constructed from polyoxovanadates and silver organonitrogen polymers[J]. J. Solid State Chem, 2009, 182(10): 2640 – 2645.

[157] QI Y F, LI Y G, QIN C, et al. From chain to network: design and analysis of novel organic – inorganic assemblies from organically functionalized zinc – substituted polyoxovanadates and zinc organoamine subunits [J]. Inorg. Chem, 2007, 46(8): 3217 – 3230.

[158] BASSIL B S, KORTZ U, TIGAN A S, et al. Cobalt – containing silicotungstate sandwich dimer [{Co$_3$(B – β – SiW$_9$O$_{33}$(OH))(B – β – SiW$_8$O$_{29}$(OH)$_2$)}$_2$]$^{22-}$ [J]. Inorg. Chem, 2005, 44(25): 9360 – 9368.

[159] LISNARD L, MIALANE P, DOLBECQ A, et al. Effect of cyanato, azido,

carboxylato, and carbonato ligands on the formation of cobalt ( II ) polyoxometalates: characterization, magnetic, and electrochemical studies of multinuclear cobalt clusters [ J ]. Chem. Eur. J, 2007, 13 ( 12 ): 3525 – 3536.

[160] WANG X L, HU H L, TIAN A X, et al. Application of tetrazole – functionalized thioethers with different spacer lengths in the self – assembly of polyoxometalate – based hybrid compounds [ J ]. Inorg. Chem, 2010, 49 (22): 10299 – 10306.

[161] ZHANG P P, PENG J, PANG H J, et al. An interpenetrating architecture based on the wells – Dawson polyoxometalate and $Ag^l$...$Ag^l$ interactions [ J ]. Cryst. Growth Des, 2011, 11(7): 2736 – 2742.

[162] KEITA B, BELHOUARI A, NADJO L, et al. Electrocatalysis by polyoxometalate/vbpolymer systems: Reduction of nitrite and nitric oxide [ J ]. J. Electroanal. Chem, 1995, 381(1 – 2): 243 – 250.

[163] NIU J Y, ZHANG S W, CHEN H N, et al. 1 – D, 2 – D, and 3 – D organic – inorganic hybrids assembled from Keggin – type polyoxometalates and 3d – 4f heterometals [ J ]. Cryst. Growth Des, 2011, 11(9): 3769 – 3777.

[164] ZHOU S, CHEN Y G, LIU B, et al. Two hybrid compounds based on octamolybdate and an N – donor multidentate ligand: syntheses, structures, and properties [ J ]. Eur. J. Inorg. Chem, 2013, (36): 6097 – 6102.

[165] HU Y, AN H Y, LIU X, et al. pH – controlled assembly of hybrid architectures based on Anderson – type polyoxometalates and silver coordination units [ J ]. Dalton Trans, 2014, 43(6): 2488 – 2498.

[166] ZHENG P Q, REN Y P, LONG L S, et al. pH – dependent assembly of Keggin – based supramolecular architecture [ J ]. Inorg. Chem, 2005, 44, 1190 – 1192.

[167] SHA J Q, PENG J, LAN Y Q, et al. pH – dependent assembly of hybrids based on wells – Dawson POM/Ag chemistry [ J ]. Inorg. Chem, 2008, 47 (12): 5145 – 5153.

[168] HAGRMAN D, HAGRMAN P J, ZUBIETA. Solid – state coordination

chemistry: the self – assembly of microporous organic – inorganic hybrid frameworks constructed from tetrapyridylporphyrin and bimetallic oxide chains or oxide clusters[J]. Angew. Chem. Int. Ed, 1999, 38(21): 3165 – 3168.

[169]AVARVARI N, FOURMIGUE M. 1,4 – Dihydro – 1,4 – diphosphinine fused with two tetrathiafulvalenes[J]. Chem. Commun, 2004, (24): 2794 – 2795.

[170]HE W W, LI S L, SU Z M, et al. Entangled structures in polyoxometalate – based coordination polymers[J]. Coord. Chem. Rev, 2014, (279): 141 – 160.

[171]LAN Y Q, LI S L, SU Z M, et al. Spontaneous resolution of a 3D chiral polyoxometalate – based polythreaded framework consisting of an achiral ligand[J]. Chem. Commun, 2008, (1): 58 – 60.

[172] MENG J X, LU Y, LI Y G, et al. Base – directed self – assembly of octamolybdate – based frameworks decorated by flexible N – containing ligands[J]. Cryst. Growth Des, 2009, 9(9): 4116 – 4126.

[173] CARLUCCI L, CIANI G, PROSERPIO Y, et al. Polycatenation, polythreading and polyknotting in coordination network chemistry[J]. Coord. Chem. Rev, 2003, 246(1): 247 – 289.

[174] FANG L, OLSON M A, BENITEZ D, et al. Mechanically bonded macromolecules[J]. Chem. Soc. Rev, 2010, 39(1): 17 – 29.

[175]WU H, YANG J, LIU J J, et al. pH – controlled assembly of two unusual entangled motifs based on a tridentate ligand and octamolybdate clusters: 1D + 1D→3D poly – oseudorotaxane and 2D→2D→3D polycatenation[J]. Cryst. Growth Des, 2012, 12(5): 2272 – 2276.

[176]WANG X L, ZHAO D, TIAN A X, et al. Three 3D silver – bis(triazole) metal – organic frameworks stabilized by high – connected wells – Dawson polyoxometallates[J]. Dalton Trans, 2014, 43(13): 5211 – 5220.

[177]GUO F, ZHU B Y, XU G L, et al. Tuning structural topologies of five photoluminescent Cd (II) coordination polymers through modifying the substitute group of organic ligand[J]. J. Solid State Chem, 2013, 199 (10): 42 – 48.

[178]LIU H Y, WU H, YANG J, et al. pH – dependent assembly of 1D to 3D octamolybdate hybrid materials based on a new flexible bis – [ ( pyridyl) – benzimidazole]ligand[J]Cryst. Growth Des, 2011, 11(7): 2920 –2927.

[179]WANG X L, WANG Y F, LIU G C, et al. Novel inorganic – organic hybrids constructed from multinuclear copper cluster and Keggin polyanions: from 1D wave – like chain to 2D network [J]. Dalton Trans, 2011, 40 ( 36 ): 9299 – 9305.

[180] LIJIMA S. Helical microtubules of graphitic carbon [ J ], Nature, 1991, (354): 56 – 59.

[181] FÉREY G. Hybrid porous solids: past, present, future[J]. Chem. Soc. Rev, 2008, 37(1): 191 –214.

[182]ZHANG C J, PANG H J, TANG Q, et al. A new 3D hybrid network based on octamolybdates: The coexistence of common helix and meso – helix[J]. Inorg. Chem. Commun, 2011, 14(5): 731 –733.

[183]QIN C, WANG X L, YUAN L, et al. Chiral self – threading frameworks based on polyoxometalate building blocks comprising unprecedented tri – flexure helix[J]. Cryst. Growth Des, 2008, 8(7): 2093 –2095.

[184]LU Y K, CUI X B, CHEN Y, et al. $\{XW_{12}O_{40}[Cu(en)_2(H_2O)]_3\}$ ( X = V, Si): Two novel tri – supported Keggin POM with transition metal complexes[J]. J. Solid State Chem, 2009, 182(8): 2111 –2117.

[185]ZANG H Y, TAN K, LAN Y Q, et al. A peanut – like Keggin – type POM – incorporated metal – organic framework[J]. Inorg. Chem. Commun, 2010, 13(12): 1473 –1475.

[186]ZHANG L, YANG W B, KUANG X F, et al. pH – dependent assembly of two polyoxometalate host – guest structural isomers based on Keggin polyoxoanion templates[J]. Dalton Trans, 2014, 43(8): 16328 –16334.

[187] WU T, CHEN M, LI D. A coordination polymer containing inorganic buckybowl analogues[J]. Eur. J. Inorg. Chem, 2006, (11): 2132 –2135

[188]WANG S S, YANG G Y. Recent Advances in Polyoxometalate – Catalyzed Reactions[J]. Chem. Rev, 2015, 115(11): 4893 –4962.

[189]ZHENG S T, ZHANG J, LI X X. Cubic Polyoxometalate – Organic Molecular Cage[J]. J. Am. Chem. Soc, 2010, 132(43): 15102 – 15103.

[190]ZHAO C C, GLASS E N, CHICA B, et al. All – Inorganic Networks and Tetramer Based on Tin(II) – Containing Polyoxometalates: Tuning Structural and Spectral Properties with Lone – Pairs[J]. J. Am. Chem. Soc, 2014, 136(34): 12085 – 12091.

[191] WANG J P, MA H X, ZHANG L C, et al. Two Strandberg – type organophosphomolybdates: synthesis, crystal structures and catalytic properties[J]. Dalton Trans, 2014, 43(45): 17172 – 17176.

[192]LI Z L, WANG Y, ZHANG L C, et al. Three molybdophosphates based on Strandbergtype anions and Zn (II) – H$_2$ biim/H$_2$ O subunits: syntheses, structures and catalytic properties [J]. Dalton Trans, 2014, 43 (15): 5840 – 5846.

[193]MA H X, DU J, ZHU Z M, et al. Controllable assembly, characterization and catalytic properties of a new Strandberg – type organophosphotungstate [J]. Dalton Trans, 2016, 45(4): 1631 – 1637.

[194]LU T, FENG S L, ZHU Z M. Four Strandberg – type polyoxometalates with organophosphine centre decorated by transition metal – 2,2′ – bipy/H$_2$ O complexes[J]. J Solid State Chem, 2017, 253, 52 – 57.

[195] FENG S L, LU Y, ZHANG Y X, et al. Three new Strandberg – type phenylphosphomolybdate supports for immobilizing horseradish peroxidase and their catalytic oxidation performances[J]. Dalton Trans, 2018, 47 (39): 14060 – 14069.

[196]YU K, ZHOU B B, YU Y, et al. Influence of pH and organic ligands on the supramolecular network based on molybdenum phosphate/strontium chemistry [J]. Dalton Trans, 2012, 41(33): 10014 – 10020.

[197]MARMISOLLÉ W A, AZZARONI O. Recent developments in the layer – by – layer assembly of polyaniline and carbon nanomaterials for energy storage and sensing applications. From synthetic aspects to structural and functional characterization[J]. Nanoscale, 2016, 8(19): 9890 – 9918.

[198] THOMAS J, RAMANAN A. Growth of Copper Pyrazole Complex Templated Phosphomolybdates: Supramolecular Interactions Dictate Nucleation of a Crystal. Cryst. Growth Des, 2008, 8(9): 3390 – 3400.

[199] LI X M, CHEN Y G, SU C, et al. Functionalized Pentamolybdodiphosphate – Based Inorganic – Organic Hybrids: Synthesis, Structure, and Properties. Inorg. Chem, 2013, 52(19): 11422 – 11427.

[200] DAI L M, YOU W S, WANG E B, et al. Two Novel One – Dimensional $\alpha$ – Keggin – Based Coordination Polymers with Argentophilic $\{Ag_3\}^{3+}/\{Ag_4\}^{4+}$ Clusters[J]. Cryst. Growth Des, 2009, 9(5): 2110 – 2116.

[201] KAN W Q, YANG J, LIU Y Y. Series of Inorganic – Organic Hybrid Materials Constructed From Octamolybdates and Metal – Organic Frameworks: Syntheses, Structures, and Physical Properties[J]. Inorg. Chem, 2012, 51 (21): 11266 – 11278.

[202] WANG X L, LI G, CHEN Z, et al. High – Performance Supercapacitors Based on Nanocomposites of $Nb_2O_5$ Nanocrystals and Carbon Nanotubes[J]. Adv. Energy Mater, 2011, 1(6): 1089 – 1093.

[203] FU D, ZHOU H, ZHANG X M, et al. Flexible solid – state supercapacitor of metal – organic framework coated on carbon nanotube film interconnected by electrochemically – codeposited PEDOT – GO[J]. ChemistrySelect, 2016, 1 (2): 285 – 289.

[204] CHAI D F, HOU Y, O'HALLORAN K P, et al. Enhancing Energy Storage via TEA – Dependent Controlled Syntheses: Two Series of Polyoxometalate – Based Inorganic – Organic Hybrids and Their Supercapacitor Properties[J]. ChemElectroChem, 2018, 5(22): 3443 – 3450.

[205] ROY S, VEMURI V, MAITI S, et al. Two Keggin – Based Isostructural POMOF Hybrids: Synthesis, Crystal Structure, and Catalytic Properties[J]. Inorg. Chem, 2018, 57(19): 12078 – 12092.

[206] WANG K P, YU K, LV J H, et al. A Host – Guest Supercapacitor Electrode Material Based on a Mixed Hexa – Transition Metal Sandwiched Arsenotungstate Chain and Three – Dimensional Supramolecular Metal –

Organic Networks with One – Dimensional Cavities[J]. Inorg. Chem, 2019, 58(12): 7947 – 7957.

[207]DU N N, GONG L G, FAN L Y, et al. Nanocomposites Containing Keggin Anions Anchored on Pyrazine – Based Frameworks for Use as Supercapacitors and Photocatalysts[J]. ACS Appl. Nano Mater, 2019, 2(5): 3039 – 3049.

[208]WANG G N, CHEN T T, LI S B, et al. A coordination polymer based on dinuclear ( pyrazinyltetrazolate ) copper ( II ) cations and Wells – Dawson anions for high – performance supercapacitor electrodes[J]. Dalton Trans, 2017, 46(40): 13897 – 13902.

[209] HOU Y, CHAI D F, LI B N, et al. Polyoxometalate – Incorporated Metallacalixarene@ Graphene Composite Electrodes for High – Performance Supercapacitor[J]. Acs Appl Mater Inter, 2019, 11(23): 20845 – 20853.

[210]CHAI D F, XIN J J, LI B N, et al. Mo – based crystal POMOF with high electrochemical capacitor performance[J]. Dalton Trans, 2019, 48 ( 34 ): 13026 – 13033.

[211]CHEN S, XIANG Y F, KATHERINE B M, et al. Polyoxometalate – coupled MXene nanohybrid via poly ( ionic liquid ) linkers and its electrode for enhanced supercapacitive performance [ J ]. Nanoscale, 2018, 10 ( 42 ): 20043 – 20052.

[212] XU X, TANG J, QIAN H, et al. Three – Dimensional Networked MetalOrganic Frameworks with Conductive Polypyrrole Tubes for Flexible Supercapacitors [ J ]. ACS Appl. Mater. Interfaces, 2017, 9 ( 44 ): 38737 – 38744.

[213]WANG L, FENG X, REN L, et al. Flexible Solid – State Supercapacitor Based on a Metal – Organic Framework Interwoven by Electrochemically – Deposited PANI[J]. J. Am. Chem. Soc, 2015, 137(15): 4920 – 4923.

[214]ZHANG Y Z, CHENG T, WANG Y, et al. A Simple Approach to Boost Capacitance: Flexible Supercapacitors Based on Manganese Oxides@ MOF via Chemically Induced In Situ Self – Transformation [ J ]. Adv. Mater, 2016, 28(26): 5242 – 5248.

[215] TANG Y, CHEN T, YU S, et al. A highly electronic conductive cobalt nickel sulphide dendrite/quasi – spherical nanocomposite for a supercapacitor electrode with ultrahigh areal specific capacitance [J]. J. Power Sources, 2015, 295(1): 314 – 322.

[216] LI X, RONG J, WEI B. Electrochemical behavior of single – walled carbon nanotube supercapacitors under compressive stress[J]. ACS Nano, 2010, 4 (10): 6039 – 6049.

[217] LIU T, FINN L, YU M, et al. Polyaniline and polypyrrole pseudocapacitor electrodes with excellent cycling stability [J]. Nano Lett, 2014, 14(5): 2522 – 2527.

[218] QI K, HOU R, ZAMAN S, et al. Construction of Metal – Organic Framework/Conductive Polymer Hybrid for All – Solid – State Fabric Supercapacitor[J]. ACS Appl. Mater. Interfaces, 2018, 10(21): 18021 – 18028.